高等教育“十四五”部委级规划教材

应用化学专业实验教程

（2版）

汪娇宁　罗艳　主编

東華大學出版社
·上海·

图书在版编目(CIP)数据

应用化学专业实验教程 / 汪娇宁, 罗艳主编. 2 版. —上海 : 东华大学出版社, 2025. 9.
—ISBN 978-7-5669-2594-7

Ⅰ. O69-33

中国国家版本馆 CIP 数据核字第 2025VL9436 号

责任编辑: 竺海娟
封面设计: 魏依东

应用化学专业实验教程(2 版)

汪娇宁　罗　艳　主编

出　　版: 东华大学出版社(上海市延安西路 1882 号　邮政编码:200051)
本 社 网 址: http://dhupress. dhu. edu. cn
天猫旗舰店: http://dhdx. tmall. com
营 销 中 心: 021-62193056　62373056　62379558
印　　刷: 常熟市大宏印刷有限公司
开　　本: 787 mm×1092 mm　1/16
印　　张: 11. 5
字　　数: 290 千字
版　　次: 2025 年 9 月第 2 版
印　　次: 2025 年 9 月第 1 次印刷
书　　号: ISBN 978-7-5669-2594-7
定　　价: 48. 00 元

前　言

基于东华大学应用化学专业教研室实验讲义多年的积累，同时结合专业特色和学科发展要求编撰的《应用化学专业实验教程》自 2019 年 7 月第一版以来，收获了良好教学效果。历经 5 年的教学实践证明了该教程不仅可以巩固学生实验的化学基础知识，提升实验基本操作技能，使具有一定理论知识和实验技能的应用化学专业高年级学生能够理论联系实际，独立进行一些常见的、面向实际的精细化学品、功能高分子的制备性能测试及其应用，在此基础上，进一步提高学生的实验操作技能和解决实际问题的能力，强化化学工程基础知识，培养学生的研发能力和工程实践能力，体现东华大学学科特色，为将来在化学化工及相关领域从事研究、开发和生产指导等工作打下坚实的实验基础。

随着本科专业实验分析测试平台的不断发展，对本科学生分析鉴定实验最终产物能力的要求有了进一步提升。原有实验教程在实验产品的分离提纯及分析鉴定方面，内容介绍不够全面，造成实验内容偏重制备合成及应用，而对实验产品的理化性能分离鉴定方法略显薄弱。鉴此，新版实验教程在四大波谱和荧光光谱的内容基础上新增了色谱法、质谱法，及色谱质谱法的内容介绍和相匹配的气相色谱和液相色谱的定量分析实验，此外，新版实验教程在专业实验部分也新增了有机玻璃、水塑料及纳滤膜等方面的实验，拓宽了实验内容。

新版实验教程包含以下板块内容：

(1) 实验一般注意事项。本部分内容主要介绍实验室基本安全知识；实验事故的紧急处理方法；实验设计、准备和实施过程中的基本要素及反应产物分离、纯化的基本操作方法。

(2) 实验产品性能检测相关方法。本部分涉及两个板块，即实验产品的应用性能检测和实验产品的理化性能检测。其中实验产品的应用性能检测主要包含润湿角、表面张力、泡沫性能、织物柔软硬挺性能、印花糊料黏度、乳液粒度、乳液固含量、乳液最低成膜温度、织物渗透性、织物抗皱性等方面的检测；实验产品理化性能检测方法主要包含四大波谱、荧光光谱、色谱、质谱、色谱质谱联用分析等测试方法。

(3) 专业实验部分。本部分内容涉及四个板块：精细化学品实验、绿色化学与工艺实验、功能高分子化学实验及一个涉及本专业特色的大型实验。其中精细化学品实验板块收编了 13 个实验，旨在通过实验操作使学生掌握精细化学品的基本合成原理、方法及适用的检测方法；绿色化学与工艺实验板块也收编了 15 个实验，旨在通过实验设计、过程控制，使学生了解环境友好绿色化学的化学过程，并掌握相关绿色化学及工艺实验的基本合成原理、方法及适用的检测方法；功能高分子化学实验板块收编了 8 个实验，开设此方面的实验内容，旨在通过实践教学使学生了解部分功能高分子化学实验的基本合成原理、方法及适用的检测方法。

新版实验教程共收编 37 个实验，包括 36 个单独实验和 1 个综合性设计性大型实验，旨在突出实验的理论应用性和综合设计性，希望能进一步加深学生对本专业技术现状和进展的了解。本教程每个实验均设有“实验结果与讨论”，除要求学生列出实验数据外，还对学生提出了运用所学基础理论知识分析、解释实验结果的明确要求。本书“思考题”部分是针对实验内容的延展，需要运用实验涉及的基本理论进行分析和思考，旨在培养学生灵活运用所学专业基础知识，并拓展思维，可进一步设计实验的能力。本教程“实验注意事项”部分为学生提供了实验过程中可能会发生的问题和安全事项预警，以期学生顺利完成实验。

参与教材编纂工作的同仁有：邵玉婉高级工程师、石小迪副研究员、曾铮实验师(第一章)；汪娇宁高级实验师(第二章第一节、第二章第三至第五节)；张煊教授(第二章第二节、第二章第十三节、实验 9 与 10、实验 19 至 20，实验 22)；罗艳教授(第二章第六节、实验 12、实验 15、实验 30 与 31)；杜鹃副教授(第二章第七与第八节、实验 5、实验 7 与 8、实验 11)；钟毅研究员(第二章第九至十一节、实验 1 至 4、实验 6、实验 29、第三章第四节)；刘栋良教授(第二章第十二节、实验 13 与 14、实验 23)；马英歌高级工程师(第二章第十四至十六节，实验 27-28)；李洪启副研究员(实验 16 与 17)；谢孔良教授(实验 18、实验 21)；赵圣印教授(实验 24 至 26)；鲁希华教授(实验 32)；侯磊副教授(实验 33、实验 36)；吴慧青副教授(实验 34-35)。全书由罗艳教授与钟毅研究员校稿，汪娇宁高级实验师统稿。限于编者水平，书中难免有疏漏和不妥之处，恳请同行和读者给予建议与指正，以便及时改进。

编者

2025. 3

目　录

第一章　实验的一般注意事项

第一节　实验室安全

进行化学实验时，要把安全放在第一位，以确保化学实验人员的安全与健康。防止污染环境、保证实验室工作安全而有效进行是化学实验室管理工作的重要内容。在此，必须了解化学物质的相关性质及其处理方法。化学药品中，有易燃、易爆、有毒以及对皮肤有刺激性的化合物。对于那些在发病前有较长潜伏期的药品，在使用时要格外小心。

化学实验人员在处理危险品时，需采用各种预防措施，以保证自身的安全，并对实验室内的活动负责。

进行化学实验时，一般做到以下几点：

(1) 进入实验室的人员，应尽量穿长衣长裤以及不露脚背的鞋袜。实验时，需穿上实验服（建议棉织物），并佩带口罩、护目镜、手套等防护用品。

实验开始前，检查仪器是否正常，装置是否稳妥。实验进行时，应密切关注仪器有无漏气、破损，反应进行是否正常等，发现异常情况及时报告。

(2) 使用化学药品时，原则上应避免与皮肤直接接触，应戴上手套操作。绝不能用嘴吸液态的化学物质，应使用安全滴管。

未经许可，绝对不允许任意混合各种化学药品，以免发生意外事故。

稀释浓酸（特别是浓硫酸），应把酸慢慢地注入水中，并不断搅拌。

尽可能少用有毒的化学品物质。例如，不少反应可能使用具有致癌性的苯作为溶剂，通常可采用毒性较小的甲苯代替。嗅闻气体时，应保持一定的距离，慢慢地用手把挥发出来的气体少量地扇向自己，不要俯向容器直接去嗅。

实验桌上要保持整洁，不得将食物带入实验室，更不允许在实验室吃东西。

(3) 实验人员在进入实验室之前，应对该实验进行充分预习，掌握操作过程及原理。了解反应中所用化学药品的性质和相关反应，包括毒性、MAC 值（劳动卫生允许浓度）、着火点、爆炸性、生成过氧化物的倾向（可用碘化钾-淀粉试纸检验）或能否被皮肤吸收等特殊性质。估计可能发生危险的步骤，在操作时注意防范。

(4) 对那些有恶臭、有腐蚀性、有毒或易爆的化合物，必须在通风橱中或者在特殊房间（毒气室）里进行操作或反应。在使用通风橱之前，可借用棉花球或纸片测试一下抽吸程度。当使用毒性大的化合物时，为了避免毒物的沾污，可将铝箔垫在通风橱的桌面上。

对于极具危险的反应，最好在封闭体系中进行。事先必须用气体把体系内其他成分排除干净，不得形成超压（即超过大气压），可使用带排气管的水银超压阀。

过量的、不再使用的试剂及反应后的残余物，应立即分解或妥善处理。水银、铊或硒类化合物，应将残余物集中起来存放，或递交有关部门统一处理。

操作易燃物时必须远离火源，瓶塞打不开时，切忌用火加热或用力敲打。倾倒易燃液体时还必须谨防静电。

加热可燃易燃物时，必须在水浴或者严密的电热板上缓慢进行，严禁用明火或电炉直接加热。

蒸馏液体时，如果需要补充液体时，应先等其冷却后再补充。蒸馏易燃物时应先通水再通电加热。

加热或倾倒液体时，切勿俯视容器，以防液滴飞溅造成伤害。给试管或烧瓶加热时，切勿将管口对着自己或他人，以免药品喷出伤人。

烘箱、电炉周围严禁放有易燃物或带挥发性的易燃液体。

必须在防护屏后处理易爆的化合物！

(5) 实验室废弃物的处理。

实验室危险废弃物不得随意丢弃，应分类收集，集中统一处理。实验室危险废弃物主要包括固态废弃物、液态废弃物、气态废弃物等。其中，固态废弃物和液态废弃物占主要组成。

固态废弃物一般采用性能稳定、大小合适、中等强度的包装材料（如收集箱、编织袋等）进行收集，并贴好废弃物标签。其中废弃化学品应根据其化学特性和安全特性进行分类收集和存放，禁止将会发生异常反应的废弃化学品混装；瓶与瓶之间应做相应隔离缓冲，避免碰撞破裂；应确保原标签完好，原标签破损的须补上标签，对原有标签无法辨认的化学品，应对其进行基本化学特性鉴定（如酸碱性、氧化还原性、燃爆性、腐蚀性以及是否具有生物剧毒性等），以便于后续处置过程的安全和环保；性质活跃，遇空气或水能起反应的废弃化学品须单独存放，并做好相应防范措施；废弃化学品收集箱应贴好废弃化学品清单，提交给相关部门进行下一步处置。其他固态废弃物应根据种类进行分类收集，如化学品空瓶应单独装箱收集，瓶内不得有任何残液，沾染危险化学品的玻璃器皿、一次性手套、滴管、注射器等应先用塑料袋分装并扎好袋口，贴上标签并注明名称，然后袋口朝上放入收集箱内；针头等锐器需将尖锐部分保护住后（如放入专用锐器盒等）再收集。

液态废弃物要求采用耐强酸、耐强碱的高密度聚乙烯废液桶。废液收集前在废液桶上按要求张贴并填写废液标签。废液应根据其化学特性和安全特性进行分类收集和存放，禁止将不同类别或会发生异常反应的废液混放；遇水能起反应的废液须放入指定容器中，并特别标注；不得将废液倒入化学品原容器内；严禁将非化学废液倒入废液桶内；每次倒入废液前，应仔细核对该废液桶上张贴的废液标签标识的主要成分，确保新倒入废液不会与已有废液发生异常反应；废液桶切勿装满，不得超过容积的 80%。

(6) 每一个进入化学实验室的人员，应了解防火规则以及灭火器、灭火毯、火灾报警器、气体和排气安全阀的确切位置及使用方法。

要注意安全用电，不要用湿手、湿物接触电源，实验结束后应及时切断电源。

为了防止火灾的发生，应避免在实验室使用明火，绝对禁止在实验室抽烟。大量的易燃物品（例如溶剂），不得放置于实验台附近。另外应该遵守的原则是：不要一个人在实验室里单独工作，同事及同学的在场可确保在紧急情况发生之际的互相救助！发生火灾时不得大呼小叫、到处乱跑，应及时灭火。发生大规模火灾时，首先应快速从安全通道离开失火场所，确认安全后拨打 119，不可单独冲入火灾现场灭火。发生局部火灾时，应立即切断电源，选择使用合适的灭火器灭火。身上的衣物着火时不可跑动。应迅速脱去衣物，或在地上打滚扑灭。灭火器不可对人脸。

扑救化学火灾注意事项：与水发生剧烈反应的化学药品不能用水扑救，如钾、钠、钙粉、镁粉、铝粉、电石、过氧化钠、过氧化钡、磷化钙等，它们与水反应放出的氢气、氧气等将引起更大火灾，可选用干粉灭火器或沙土进行灭火；比水密度小的有机溶剂，如苯、石油等烃类、醇、醚、酮、酯类等着火，不能用水扑灭，否则会扩大燃烧面积，应选用泡沫灭火器进行灭火，再用水进行降温；比水密度大且不溶于水的有机溶剂，如二硫化碳等着火，可用水扑灭，也可用泡沫灭火器、二氧化碳灭火器扑灭；反应器内的燃烧，如是敞口器皿可用石棉布盖灭。蒸馏加热时，如因冷凝效果不好，易燃蒸气在冷凝器顶端燃着，绝对不可用塞子或其他物件堵塞冷凝管口，应先停止加热，再行扑救，以防爆炸；电器设备及电线着火，首先用四氯化碳灭火器灭火，电源切断后才能用水扑灭。常见的实验室安全标识如下：

※常见的注意标识

注意安全

当心操作

当心中毒

当心感染

当心火灾

当心电离辐射

当心伤手

当心激光

当心低温

当心高温表面

当心腐蚀

当心微波

※常见的禁止标识

吸止吸烟

禁止烟火

禁止停留

禁止堆放

禁止放易燃物

禁止入内

禁止合闸

禁止饮用

禁止用水灭火

禁止启动

禁止开启无线通讯设备

禁止饮食

※常见的告知标识

必须戴防护帽

必须穿防护鞋

必须穿防护服

必须戴防护手套

必须戴防护眼镜

必须戴安全帽

必须加锁

必须戴护耳器

必须拔出插头

必须洗手

必须配戴遮光目镜

必须接地

急救药箱

第二节　实验事故发生时的紧急处理

进入实验室，应先了解实验室布局，清楚安全出口的位置、电箱电闸位置、灭火器位置、紧急洗眼器或紧急喷淋装置的位置等。在实验过程中，遇到突发状况，切莫慌张，应沉着冷静，选择合适的急救措施应对。

一、眼外伤的急救

在实验过程中，如发生腐蚀性液体或生物危害液体喷溅至实验人员眼睛的情况，应在就近的洗眼装置上用大量缓慢的水流冲洗眼睛。使用方法如下：取下洗眼器盖，眼睛靠近出水口，用手轻轻推开阀门，清洁水会自动从洗眼器喷头喷出；双眼靠近洗眼器喷头，用大量清水冲洗眼睛，冲洗时眼睛要睁开，眼珠要来回转动，冲洗时间不得少于15分钟，冲洗后再行就医治疗。

二、烧伤或化学灼伤

烧伤时，立即用冷水冷却大约5~10分钟。当大面积的皮肤表面受到伤害时，可以用湿毛巾冷却，然后立即送往医院请医生进行处理。

发生烧伤时，不得用油、药粉、软膏或面粉处理。

三、割伤

小规模割伤（不恰当地处理玻璃管或玻璃棒！）时，先把残留的玻璃碎片除去，止血后，消毒，包扎。

出血多的时候，必须立即用手指压住或把相应的动脉压住，使血不流出，包上压定布（不要用脱脂棉！）。要控制捆扎的时间（最多不要超过2小时）。立即叫救护车，请医生进行急救。

小规模割伤时，如腱或神经受到损伤，需要请医生治疗。

四、腐蚀

取用带腐蚀性的药品，如强酸、强碱、浓氨水、冰乙酸等，建议戴上防护手套。拿比较重的瓶子时，应一手托住底部，一手拿住瓶口。

身体的一部分被腐蚀时，立即用大量的水冲洗。被碱腐蚀时，用大量的水冲洗后，再用1%的醋酸水溶液洗涤。被酸腐蚀时，用大量的水冲洗后，再用1%的碳酸氢钠水溶液洗涤。

脱下被化学品沾污的衣服。

五、中毒

一切药品和试剂都要有与其内在物相符的标签。

严禁试剂入口以及用鼻子直接接近瓶口进行鉴别。鉴别时应将试剂瓶远离鼻子，用手轻轻煽动，稍闻即止。

处理有毒有害的气体、有挥发性的药品及有毒有机试剂时（如氮氧化物、溴、氯、硫化物、汞、砷化物等），应在通风橱内进行。当发生急性中毒时，紧急处理是十分重要的！

由口服引起中毒时，可饮温热的食盐水（1 杯水中放入 3~4 小勺食盐）并触及咽的后部（用手指放在嘴里），使其呕吐。当中毒者失去知觉，或因溶剂、酸、碱溶液引起中毒时，不要使其呕吐。

因体内吸入异物引起中毒时，应把病人立即抬到空气新鲜的地方，让其平躺休息（切记保暖！）。

发生中毒时，对病人进行急救后应立即送往附近的医院抢救。当怀疑在运送过程中病人可能出现意外时，可先行叫一辆备有急救医生的救护车，此外，要尽可能早地向医院报告中毒的实际情况，以便让医院准备解毒药，进行抢救。

六、身上喷溅化学药品

当化学物质喷溅到实验人员衣服或者皮肤上时，应立即用大量的水进行清洗。如果皮肤受损面积较小，可以直接用水龙头或手持软管冲洗；如果身体受损面积较大，则须使用应急喷淋装置。使用方法如下：脱去污染的衣物，用手向下拉阀门拉杆，水从喷淋头自动喷出；站到应急喷淋装置喷头的下方，先用大量清水冲洗全身，注意不要隔着衣物冲洗受伤部位，连续冲洗时间不得少于 15 分钟，再根据实际情况决定是否就医治疗8 1 3 6 A 4 3 8

七、常见化学试剂中毒应急处理

1. 二硫化碳中毒的应急处理方法

吞食时，给患者洗胃或用催吐剂催吐。将患者躺下并注意保暖，保持通风良好。

2. 有机磷中毒的应急处理方法

确保患者呼吸道畅通，并进行人工呼吸。万一误吞食，用催吐剂催吐，或用自来水洗胃等方法将其除去。沾在皮肤、头发或指甲等地方的有机磷，要彻底把它洗去。

3. 三硝基甲苯中毒的应急处理方法

沾到皮肤时，用肥皂和水，尽量把它彻底洗去。若吞食时，可进行洗胃或用催吐剂催吐，将其大部分排除之后，才服泻药。

4. 苯胺中毒的应急处理方法

若苯胺沾到皮肤，用肥皂和水将其洗擦除净。若误吞食，用催吐剂、洗胃及服泻药等方法将之除去。

5. 氯代烃中毒的应急处理方法

将患者转移，远离药品处，并使其躺下保暖。若误吞食，用自来水充分洗胃，然后饮服 200 mL150 g/L 的硫酸钠水溶液。不要喝咖啡之类兴奋剂。吸入氯仿时，把患者的头降低，使其伸出舌头，以确保呼吸道畅通。

6. 草酸中毒的应急处理方法

立刻饮服下列溶液，使其生成草酸钙沉淀：① 200 mL150 g/L 丁酸钙或其他钙盐制成的水溶液；②大量牛奶，或饮食用牛奶打溶的蛋清作镇痛剂。

7. 乙醛、丙酮中毒的应急处理方法

用洗胃或服催吐剂等方法，除去吞食的药品。随后服下泻药。呼吸困难时要输氧。丙酮不会引起严重中毒。

8. 强酸（致命剂量 1 mL）

误服后立刻饮服 200 mL 氧化镁悬浮液，或者氢氧化铝凝胶、牛奶及水等东西，迅速把毒物稀释，然后再食至少 10 多个打溶的蛋清作缓和剂。因碳酸钠或碳酸氢钠会产生二氧化碳气体，故不要使用。

进入眼睛时撑开眼睑，用流水冲洗 15 min。

沾着皮肤时用大量水冲洗 15 min。如果立刻进行中和，因会产生中和热，而有进一步扩大伤害的危险。因此，需经充分水洗后再用碳酸氢钠之类稀碱液或肥皂液进行洗涤。但是当沾着草酸时不宜使用碳酸氢钠中和，因为碱会产生很强的刺激物，可以用镁盐和钙盐中和。

9. 甲醛中毒的应急处理方法

误吞食后，立刻饮食大量牛奶。接着用洗胃或催吐等方法，使吞食的甲醛排出体外，然后服下泻药。必要时，可服用 1%的碳酸铵水溶液。

八、危险化学品火灾（爆炸）事件

易燃液体：首先切断火势蔓延的途径，控制燃烧范围。选用抗溶性泡沫、干粉、二氧化碳等灭火，并根据实际情况可用大量水稀释燃烧液体，直至燃烧停止。

易燃固体：一般都能用水、沙土、石棉毯、泡沫、二氧化碳、干粉等灭火器材扑救，但扑救时人要站在上风向，以防中毒。

易燃气体：首先扑灭气体泄漏处附近被引燃的可燃物火势，控制灾害范围。如果有爆炸预兆，要果断将人员撤离。

遇湿易燃：禁止用水、泡沫、酸碱灭火器等湿性灭火剂扑救，应用干粉、二氧化碳等扑救。固体遇湿易燃物品应用干沙、干粉等覆盖。

毒害腐蚀：使用专用防护服。扑救时应尽量使用低压水射流或雾状水，避免腐蚀品、毒害品溅出。遇酸类或碱类腐蚀品最好调制相应的中和剂稀释中和。

爆炸物品：采取一切可能的措施，全力制止再次爆炸的发生。当灭火人员发现有发生再次爆炸的危险时，应迅速撤至安全地带，来不及撤退时，应就地卧倒。

九、基本注意事项

为安全起见，病人须有人员陪同去找医生或去医院，因为一些看来没有危险的事故也会引发休克。一切人身事故都必须申报，可以报告实验室指导教师或保卫部门。

第三节　实验的设计、准备和实施

一个有成效实验的实施，在很大程度上取决于事先的准备工作。首先要熟读有关的实验规则，通过对反应机理的考察，详细地理解反应的过程，由此可以理解产物的生成，对反应中出现的现象（颜色变化、气体发生和沉淀生成）进行说明，以便实施一个有意义的、谨慎周密的实验计划。实验前的严密性也有助于排除意外的错误根源！

本书给出的实验规则可用于：

——所述化合物的合成；

——作为模拟规程，按照所述的方法，合成一个化合物；

——作为新的合成规则发展的“范例”。

原则上，没有制定规程就不得进行实验。反应最佳条件的确定可以通过参变量的变化（例如：反应时间、反应温度、反应试剂的摩尔比和溶剂）进行。

实施化学反应可以在各种不同的操作过程中进行，在通常情况下，一个操作过程的质量往往对后面操作过程的质量有着决定性的影响。以下四个阶段可作为实验实施的基础。

一、必要反应试剂和溶剂的准备

为确保所使用化学药品的纯净性。可再做一次熔点、沸点和折光率的测定，以保证纯度（不能仅凭标签上的数据作为是否纯净的标准，因为这有可能引发惊人的错误！）。纯度检查常用薄层色谱、气相色谱或光谱数据加以确认。起始原料中的杂质可用蒸馏、重结晶或色谱等方法纯化。原则上，溶剂在使用之前需经蒸馏。最后基于实验规程所示量，算出在实验中所需量。

二、药品的取用和溶液的配制

1. 固体试剂的取用规则

(1) 要用干净的药勺取用。用过的药勺必须洗净和擦干后才能再次使用，以免沾污试剂。

(2) 取用试剂后立即盖紧瓶盖。

(3) 称量固体试剂时，必须注意不要取过量，过量的药品，不能倒回原瓶。

2. 液体试剂的取用规则

(1) 从滴瓶中取液体试剂时，要用滴瓶中的滴管，滴管绝不能伸入所用的容器中，以免接触器壁而沾污药品。从试剂瓶中取少量液体试剂时，则需要专用滴管。装有药品的滴管不得横置或滴管口向上斜放，以免液体滴入滴管的胶皮帽中。

(2) 使用胶头滴管需要注意“四不能”：不能伸入和接触容器内壁，不能平放和倒拿，不能随意放置，未清洗的滴管不能吸取别的试剂。

(3) 配制一定物质的量溶液时，溶解或稀释后溶液应冷却再移入容量瓶。

(4) 配制一定物质的量浓度溶液，引流时，玻璃棒的上面不能靠在容量瓶口，而下端则应靠在容量瓶刻度线下的内壁上（即下靠上不靠，下端靠线下）。

(5) 容量瓶不能长期存放溶液，更不能作为反应容器，也不能互用。（一般用于配制标准溶液的容量瓶最好专用）

3. 溶液的配制

(1) 配制溶质质量分数一定的溶液。

计算：算出所需溶质和水的质量。把水的质量换算成体积。如溶质是液体时，要算出液体的体积。

称量：用天平称取固体溶质的质量；用量筒量取所需液体、水的体积。

溶解：将固体或液体溶质倒入烧杯里，加入所需的水，用玻璃棒搅拌使溶质完全溶解。

(2) 配制一定物质的量浓度的溶液。

计算：算出固体溶质的质量或液体溶质的体积。

称量：用天平称取固体溶质质量，用量筒量取所需液体溶质的体积。

溶解：将固体或液体溶质倒入烧杯中，加入适量的蒸馏水，用玻璃棒搅拌使之溶解，冷却到室温后，将溶液引流注入容量瓶里。

转移：用适量蒸馏水将烧杯及玻璃棒洗涤 2~3 次，将洗涤液注入容量瓶，振荡，使溶液混合均匀。

定容：继续往容量瓶中小心地加水，直到液面接近刻度 2~3 cm 处，改用胶头滴管加水，使溶液凹面最低处恰好与刻度相切。把容量瓶盖紧，再振荡摇匀。

4. 溶液配制的注意事项

(1) 分析实验所用的溶液应用 GB6682 中规定的三级水配制，容器应用纯化水洗涤三次。特殊要求的溶液应事先做空白值检验。

(2) 溶液要用带塞的试剂瓶盛装，见光易分解的溶液要装于棕色瓶中，挥发性试剂瓶塞要严密，见空气易变质及放出腐蚀性气体的溶液也要盖紧，必要时用蜡封住。浓碱液应用塑料瓶盛装。

(3) 每瓶试剂必须有标明名称、规格、浓度和配制日期的标签。

(4) 配制硫酸、磷酸、硝酸、盐酸等溶液，都必须将酸倒入水中。配制时不可在试剂瓶中进行配制。

(5) 用有机溶剂配制溶液时，有时有机物溶解较慢，应不时搅拌，可以在热水浴中温热搅拌，不可直接加热，必须避免火源。

(6) 不可用手接触带腐蚀性或剧毒性的溶液。剧毒废液必须经解毒处理，不可直接倒入下水道。

(7) 一般溶液保存时间不可超过 6 个月，若试剂发生浑浊变质，必须马上废弃不得使用。

5. 溶液储存时可能的变质原因

(1) 玻璃与水和试剂作用后多少会被侵蚀（特别是碱性溶液），使溶液中含有钠、钙、硅酸盐等杂质。某些离子容易被吸附于玻璃表面，这对于低浓度的离子标准液更不可忽视。故低于 1 mg/mL 的离子溶液不适合长期保存。

(2) 由于试剂瓶密封不好，空气中的二氧化碳、氧气、氨或酸雾等的侵入会使溶液发生变质。

(3) 某些溶液见光分解（硝酸银、汞盐），有些溶液放置时间长了会水解（铋盐、锑盐），有些溶液会受微生物的分解。

(4) 含有易挥发的组分，使其浓度降低。

三、实验装置的确定

必要的操作方法可从操作规程中获得。例如“在加热回流条件下，向搅拌着的第二种反应物溶液中，滴加液态反应物”，通过这样的操作规程即可确定操作方法。

可如此选择反应烧瓶：常压操作时，最大容量为烧瓶体积的 3/4，一般容量范围是烧瓶体积的 1/2~3/4，减压操作时，最大容量为烧瓶体积的一半，一般容量范围是烧瓶体积的 1/3~1/2，对于易于起泡的反应（放出气体的反应），最大容量还可适量减少。

试剂在反应瓶中混合以前，事先要仔细地检查一下反应装置，包括搅拌器、搅拌马达的性能、夹子和接头的固定是否安全以及有无张力等。

除了在压力釜中的试验、剧毒的反应或十分贵重化合物的反应（特殊的合成实验）外，尽量不要在封闭体系中进行反应。使用封闭装置进行操作，易发生意外（多半是出于疏忽大意）。例如，需检查一下干燥管是否被堵塞。

图 1-1 为基本实验装置。

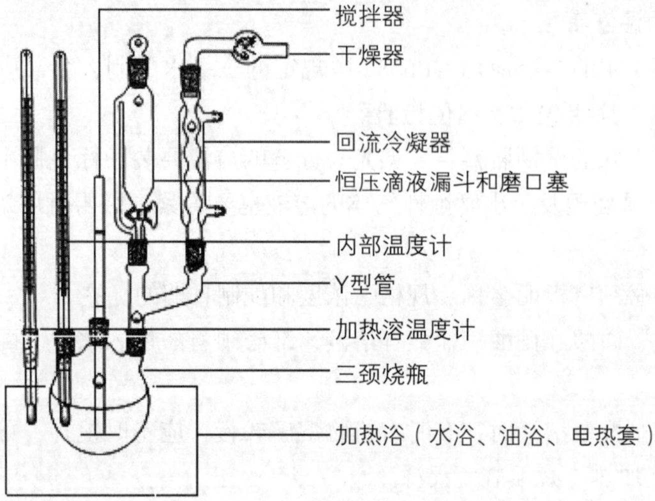

图 1-1　基本实验装置

四、反应的实施

实施实验的每一个阶段，即进行反应操作、处理和纯化阶段，应事先设计一个合理而又精确的时间计划，尤为关键的是必须考虑在哪一个阶段可以终止实验，因为不可低估后处理所花费的时间。

每一个反应必须在确定的、可重复的条件下实施。反应的实施，必须始终遵循简单、明确的准则。反应进程的控制，可用薄层色谱(TLC)，也可用反应混合物的IR和^{1}H-NMR光谱，以及pH值的变化或其他试验反应来追踪。在反应结束前，通过确实的检验，方可确定反应结束，不要轻易地相信书中所给出的反应时间。

五、记录

建议用一本逐一编号的带有耐用封皮的练习本进行记录（实验室日记）。用零星的纸片作为化学实验的记录是不合适的。必须把下列反应实施的经过记入记录本或实验报告本：

——日期；

——计划反应的表示，例如“表面活性剂在金属清洗液中的应用”；

——本次实验的目的和原理；

——写出必要的试剂和反应原料(克,摩尔或毫克；例如5.00 g≈27.4 mmol)，溶剂(升或毫升)，此外，要写出所用药品的物理性质和化学性质(毒性、爆炸性、熔点、沸点、黏度、折光率等)，把需进行的纯化操作记录下来，并列出实验反应式；

——可能的反应历程的注释及其对产物形成的影响；

——用略图表示反应装置(例如，250 mL三口烧瓶、100 mL恒压滴液漏斗、气体导管、回流冷凝器、搅拌器等)。要把特别的操作技术或附加的装置也记到实验报告本中去；

——详细记录实验过程。记下实验过程中的操作和所观察到的现象，特别重要的是：要客观地记下对原有规程的改动和事先没有估计到的不顺利的事情。记下颜色的变化、气体的放出和沉淀的生成等，这样有助于找出实验反应失败的原因。控制反应过程所使用的方法（pH值测定、薄层色谱和光谱等）也要写进报告中（记下特征的部分，如颜色变化、反应时间等)。

——记下产物的分离、纯化和收率（例如3.3 g，92%）。粗产率也要记录，由此可估计出在纯化时的损失。①追加记录纯化方法。例如，蒸馏（℃/托）、结晶（溶剂，毫升/克物质）、升华（℃/托）等。②在色谱分离中，记下分离柱的容量、固定相、载气和它的流速、温度、保留时间和所得峰的积分比。

——物理化学数据的记录：沸点（℃/托）、熔点（℃/托）、折光率（n_D^{20}）等；

——光谱数据的记录和归属：IR，UV，^{1}H NMR，^{13}C-NMR，MS。

必须强调指出的是：实验过程的记录要清楚，必须在实验进行的过程中记录，而不要根据记忆做记录！

第四节 反应产物的分离和纯化

一、反应的后处理

后处理的方法必须适合所期待反应产物的化学性质。这时，应考虑以下几点：

①挥发性（例如，在蒸馏溶剂时，这一点是重要的）。

②极性（例如，从水相中提取时，这一点是重要的）。

③稳定性：对水、酸和碱的稳定性；对加热、光和氧气的稳定性。

④根据经验，不完善的后处理经常是收率低的原因之一！

反应混合物后处理的一般方法：加入水、酸或碱的水溶液，然后用一种合适的有机溶剂，如乙醚、二氯甲烷、氯仿等提取有机产物。在产物（以期待的收率）未分离出来以前，不可将各液层弃去！

⑤在提取羧酸、醇、或胺等极性较大的有机产物以前，水层先用食盐饱和，这样的效果会更好。

提取既可用分液漏斗间歇式进行，也可用提取器连续式进行。若要除去残留的酸，可以用饱和碳酸氢钠溶液（除了产物是以羧酸或磺酸的形式存在以外）洗涤有机相。要除去碱，可以用冷的 1 mol/L 的盐酸溶液（除了产物是碱性的，或在酸中不稳定的情况以外）洗涤，然后，一般再用饱和食盐水溶液洗涤、干燥。

⑥就干燥剂的选用来说，对不稳定的物质，可以用无水亚硫酸钠（中等程度的干燥能力）。在其他情况时，可以用无水硫酸镁（中等程度、好的干燥能力，不适合于对酸不稳定的物质）或无水氯化钙（好的干燥能力，对胺、醇及对碱不稳定的物质不适合）。

⑦在反应中，得到的化合物在水中不稳定时，可以从反应混合物中直接蒸馏除去溶剂，然后再进行蒸馏、结晶或色谱（须隔绝湿气进行）。

二、反应产物的分离和纯化方案

就有机物质的分离和纯化过程来说，有下列几种方法：

——蒸馏；

——重结晶；

——升华；

——水蒸气蒸馏；

——色谱法。

有关这些分离和纯化方法，应该注意以下几个方面。

蒸馏

仅当要分离的混合物组分沸点差别不小于 60 ℃时，简单蒸馏才有意义。在其他情况下，必须用分馏柱进行分馏。最小的沸点差别为 2 ℃的组分，必须用多级蒸馏管或旋带式蒸馏塔进行分离。

要避免发生热分解反应。在常压下，蒸馏的沸点范围一般为 50～120 ℃。当沸点为更高的温度时，可进行减压蒸馏（用水泵或油泵）。对不稳定的物质来说，可以在尽可能低的温度下，用球形旋转蒸馏装置（Kugelrohr）进行蒸馏。

重结晶

重结晶是分离和纯化固体的简单而行之有效的方法。重结晶时，把要纯化的化合物制成过饱和溶液。具体操作可以按下面的过程进行：

——在室温下，让趁热过滤的饱和溶液慢慢冷却（冰浴）。

——在室温下，向饱和溶液中滴加第二种溶剂，以降低物质的溶解度（滴加时，开始出现混浊，不久又溶解。注意不要分成两层），然后再冷却。

常用溶剂有：乙醚-正己烷、二氯甲烷-正己烷、丙酮-乙醚、丙酮-水、乙醇-水、甲醇-水。

重结晶时，常常不能自发结晶。为促使其结晶，可简单采用下述技术：

——加入晶种（原则上应保存每次结晶化合物的试样!）；

——用尖锐的玻璃棒摩擦容器壁；

——过冷（至-70 ℃），然后一边摩擦容器壁，一边使其慢慢温热。

晶核形成的最适宜温度在熔点以下约 100 ℃。结晶形成的最适宜温度在熔点以下约 50 ℃。大多数情况下，强烈的冷却溶液并不能很快形成结晶。

应注意，制成饱和溶液的温度，至少要比物质的熔点低 30 ℃，若无视这一规则，物质仅以油状物的形式析出。

进行重结晶试验时，特别要求熟练和耐心，一般需经过多重溶剂的试验以后方可成功。

微量（1～100 mg）固体物质的重结晶可以用 Craig 管进行。除去溶剂时，可转动容器，将其置于离心管中，离心分离出溶剂（调节至重量均衡）。

升华

若固体物质比所含杂质有更高的蒸气压，那么用升华来进行纯化是可行的。进行升华操作时，将物质在减压条件下加热（但温度必须在熔点以下!），使其气化，接着气体在冷纸上冷凝成固体（可参阅物质相图）。

水蒸气蒸馏

水蒸气蒸馏是一种不溶于水的挥发性有机化合物与水的共蒸馏法。这种分离方法的优点在于，不稳定化合物可在水的沸点（常压）以下被蒸馏出来，理论的沸点温度在 100 ℃以下。

色谱法

分为液相色谱法（柱色谱、薄层色谱）和气相色谱法。柱色谱和薄层色谱适合于固体物质和具有高的蒸气压的油状物的分离，不适合于低沸点液体的分离。气相色谱适合于极易挥发物质的分离，使用玻璃毛细管柱，也可对分子量比较高（MW～1 000）的化合物进行气相色谱的研究。

色谱法被广泛应用于分析和合成。例如：

——反应过程的控制和跟踪；

——原料和产物的鉴定和纯度检查；

——混合物的分离。

分析用薄层色谱有最为广泛的应用。将研究物质（或反应溶液）的稀溶液及对照化合物的溶液用滴管（拉长的熔点测定管或测定血糖用的吸量管）在起点线上（用滴管的下端）点样（一个斑点），然后在展开室中展开。干燥后在薄层管上的物质可用下列方法进行观察：

——在“碘容器”中显色；

——喷雾显色剂溶液（例如，含有羟基、氨基、巯基、碳-碳双键和醛基的物质，可用0.1%高锰酸钾溶液显色。含有羰基的物质和糖类，可用2,4-二硝基苯肼的溶液显色。几乎所有的有机化合物，均可用浓硫酸喷雾，然后加热至120 ℃显色）。

——有荧光指示剂的板，可用紫外光（254 nm）照射，这时斑点处将失去荧光。

展开时，可以用一种纯净的溶剂，也可用多种溶剂的混合溶剂进行（展开溶剂）。为了使物质的分离完全，原则上要在多种流动相体系中进行试验。

使用单一的展开剂时，根据所谓的“洗脱序”加以检验。下面是常用的展开剂按照极性升高的次序排列：正戊烷—环己烷—四氯化碳（或甲苯）—二氯甲烷—乙醚—乙酸乙酯—丙酮—甲醇—水—乙酸—吡啶。可用的展开剂体系是：

——中性化合物（体积比）：

①氯仿 :甲醇：100∶1、10∶1、2∶1；

②乙醚 :正已烷：1∶1；

③乙醚 :丙酮：1∶1；

④乙酸乙酯 :正已烷：1∶1；

⑤乙酸乙酯 :异丙醇：3∶1。

——酸性化合物（体积比）：

氯仿 :甲醇 :乙酸：100∶10∶1。

——碱性化合物（体积比）：

氯仿 :甲醇 :浓氢氧化铵：100∶10∶1。

作为记录的手段，可对薄层色谱进行描绘，并测定 R_f 值（R_f = 从原点到斑点之间的距离/从原点到展开剂前沿之间的距离）。

可以用柱色谱进行混合物的制备分离（即使用制备薄层色谱）。对于柱色谱，应注意以下几点：

——最佳洗脱剂或洗脱体系的选择可借助于薄层色谱进行。在选择的展开溶剂中，物质给出圆的斑点，R_f 值要在0.2以上。

——吸附剂的重量至少为混合物重量的100倍。

——把吸附剂悬浮在洗脱液中，通过两次短时间的排气操作后，把里面的空气除尽，然后注入柱中。为了消除气泡，可用手振动柱子，或在装柱时，用长玻璃棒搅拌。为了更好地进行分离操作，装好的柱子至少应放置12 h。

——流出洗脱剂，直至液面在吸附剂上1 mm为止。尽可能少地用展开剂溶解物质，再用滴管仔细添加，让洗脱剂慢慢流出。仔细加入洗脱剂数次，同时让洗脱剂慢慢流出。最后，在吸附剂上盖上棉花团，注入洗脱剂，调节流速（高约 40 cm 的柱子，流速约为 3 ~5 mL/min）。

——收集馏分（最好用装有试管的部分接收器），每个馏分用薄层色谱检验。合并同一组分的馏出液，在减压下蒸去溶剂，求出所得馏分的回收值，使回收量与开始的量相对应。

——柱中的溶剂不能流干，色谱过程不允许中断，周围的温度要恒定，并要尽可能低（否则柱上的物质有分解的危险，使用乙醚、正戊烷或二氯甲烷时，洗脱液中会产生气泡）。

——当改变展开剂后在硅胶上不可能进行分离时，也可在其他的吸附剂（反相硅胶、氧化铝、纤维素、聚酰胺或交联葡聚糖凝胶）上进行色谱试验或应用柱色谱原理进行试样。

三、纯度的标准和纯度的检验

要检验合成出来的已知物纯度，可将沸点、熔点（尽可能用混合熔点）、旋光度（若化合物有旋光性）或折射率以及光谱数据（IR，UV，NMR 等）与文献报告数值进行比较。气相色谱、薄层色谱和高效液相色谱（HPLC）适合于鉴定以及少量杂质的检测。这三种方法特别适用于至今尚无记载的新合成化合物的纯度检验。

此外，用（全去偶的）^{13}C-NMR 光谱，容易推测一个化合物是否是同一的，这种方法也适合于非对映体中杂质的检测。

和理论值一致的元素分析值也是纯度标准确定的补充。

第二章　实验产品性能检测相关方法

第一节　洗涤液润湿角

当液体微滴滴在平面光滑的固体表面上时，它将无限地扩散或与固体表面成某一接触角而达到平衡状态。

润湿是自然界和生产过程中常见的现象。通常将固-气界面被固-液界面所取代的过程称为润湿。将液体滴在固体表面上，由于性质不同，有的会铺展开来，有的则黏附在表面上成为平凸透镜状，这种现象称为润湿作用。前者称为铺展润湿(spreading wetting)，后者称为黏附润湿(adhesional wetting)，如水滴在干净玻璃板上可以产生铺展润湿。若液体不黏附而保持椭球状，则称为不润湿，如汞滴到玻璃板上或水滴到防水布上的情况，此外，若是能被液体润湿的固体完全浸入液体之中，则称为浸湿(immersional wetting)。

润湿角是指液滴在物体表面扩展并达到平衡状态后，三相周边上某一点引气液界面的切线，则该切线与固液界面的夹角称为润湿角，如图 2-1 所示。

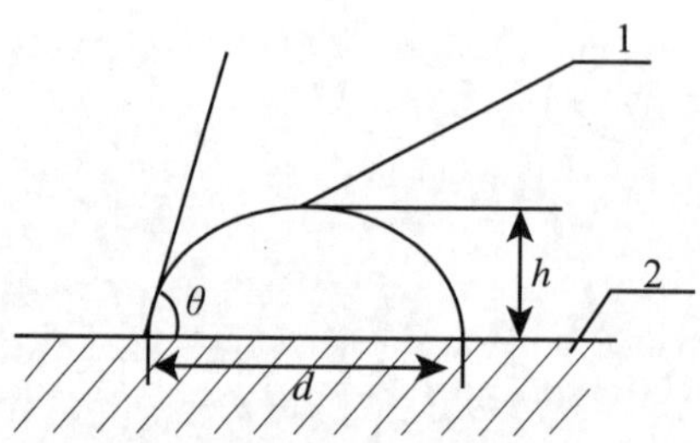

图 2-1　润湿角测定示意图（1-液滴；2-固体板）

润湿角按下列公式计算：

$$\theta = 2\arctan\left(\frac{2h}{d}\right)$$

式中：θ——润湿角，单位为度（°）；

h——液滴高度，单位为毫米（mm）；

d——液滴直径，单位为毫米（mm）。

润湿角的测定方法有以下几种：

对于理想的平整固体表面，当液滴在表面达到平衡后，只有一个符合 Young 氏方程的润湿角。但实际固体表面是非理想的，因而会出现滞后现象，致使润湿角的测量往往很难重复。但经过精心制备和处理的表面，有可能得到较重复的数据，特别是高分子材料的表面。表面的制备和处理其目的是要得到较光滑、干净的理想表面，但具体的操作随样品而异，本书不作更多介绍。这里主要介绍一些常用的润湿角测定方法，它们都是针对气—液—固体系的润湿角而设计。但其中有些方法，只需略加修改，亦适用于液—液—固体系润湿角的测定。

一、量角法

液滴角度测量法是测量接触角的最常用的方法之一，如图 2-2 所示。该法是将固体表面上的液滴，或将浸入液体中的固体表面上形成的气泡投影到屏幕上，然后直接测量切线与相界面的夹角，直接测量润湿角的大小。

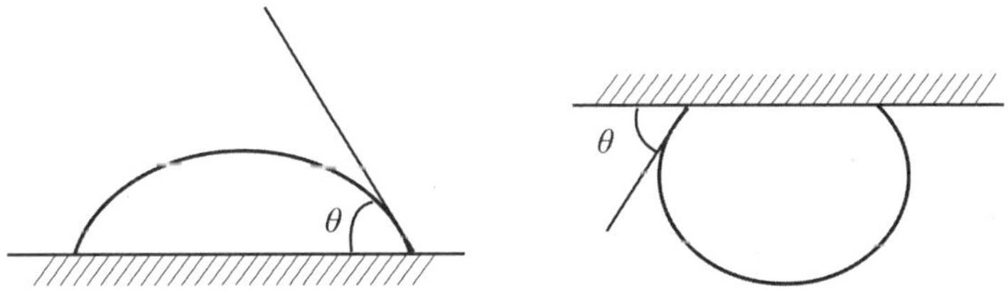

图 2-2　量角法示意图

若液体蒸气在固体表面发生吸附，影响固体的表面自由能，则应把样品放入带有观察窗的密封箱中，待体系达平衡后再进行测定。此法的优点是：样品用量少，仪器简单，测量方便。准确度一般在±1°左右。

二、量高法

若液滴很小，重力作用引起液滴的变形可忽略不计，这时的液滴可认为是球形的一部分，如图 2-3 所示。接触角可通过高度的测量按下式计算：

$$\tan\left(\frac{\theta}{2}\right)=\frac{2h}{d}$$

式中：h 为液滴高度，d 为液滴底部的直径。若液滴体积小于 10^{-4} mL，此法可用。若润湿角小于 90°，则液滴稍大亦可用。

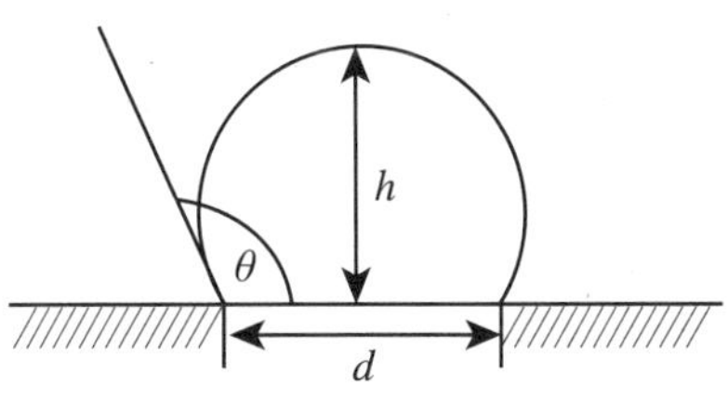

图 2-3　量高法示意图

液滴在纤维上的接触角也可用量角法加以测量。把纤维水平拉直，置于样品槽内，然后投影到电脑屏幕，直接测定液滴与纤维表面的夹角。若液滴很小，润湿角也可用量高法测量，可通过公式 $\tan\left(\frac{\theta}{2}\right)=\frac{2h}{d}$ 加以计算。

本书中实验采用上海中晨数字技术设备有限公司生产的 JC2000C1 型润湿角测定仪测试产品的润湿角。

第二节　表面张力

物质相与相之间的分界面称之为界面。我们知道，物质有气、液、固三相，因此可组合成气-液、液-液、气-固、液-固和固-固 5 种界面。一般又把有气相组成的界面称为表面。包括气-液、气-固 2 种表面。

物质表面层的分子与内部分子具有不同的能量。对于气-液表面，液体表面分子和内部分子所受力不同。如图 2-4 所示，在液体内部的分子，由于环境相同，周围邻近分子对它的引力是相等的，所受的合力为零，而表面上的分子则不同，其受液体内部分子对它的引力大于外部气体分子对它的引力，所受的合力不等于零。表面层分子受到向内的拉力，使液体表面有自动收缩的趋势。即液体表面处处存在着一种使液体表面尽量收缩的力，这种力就是表面张力。

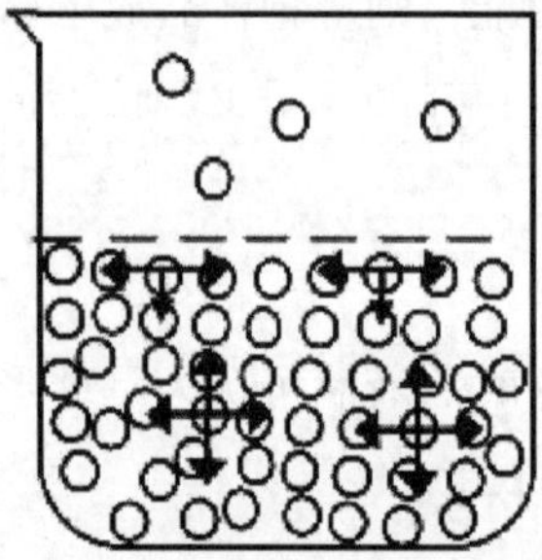

图 2-4　气-液两相界面

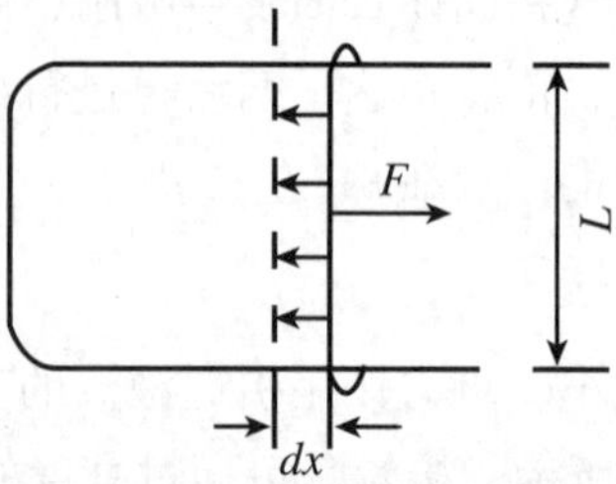

（F：液面相切的力，L：液膜宽度，dx：液膜）

图 2-5 表面张力示意

若把液体做成液膜（如图 2-5 所示），则液膜将发生收缩，为保持平衡，就必须施加适当的与液面相切的力 F 于宽度为 L 的液膜上，平衡时有与 F 大小相等、方向相反的使液膜收缩的力存在。此处，$F=\gamma\times L\times 2$（液膜有两面，故乘以 2）。比例系数 γ 即为液体的表面张力，其意义为垂直通过液体表面上任一单位长度，与液面相切的收缩表面的力，是液体的基本性质之一。一定成分的液体在一定温度、压力下有一定的 γ 值，通常以 $mN\cdot m^{-1}$ 为单位。常见的纯液体的表面张力列于表 2-1。

表 2-1　常见的纯液体的表面张力

液体	20 ℃时表面张力/($mN \cdot m^{-1}$)	液体	20 ℃时表面张力/($mN \cdot m^{-1}$)
汞	485.0	苯	28.86
水	72.80	甲苯	28.40
四溴乙烷	49.67	正辛醇	27.53
硝基苯	43.38	氯仿	27.13
硝基甲烷	36.82	四氯化碳	26.66
橄榄油	35.80	正辛烷	21.77
液体石蜡	33.10	正己烷	18.43
油酸	32.50	乙醚	17.10

本书实验采用上海衡平仪器仪表厂生产的 BZY-2 型全自动表/界面张力仪测试产品的表面张力，所用方法为铂金环法。

图 2-6　BZY-2 型全自动表/界面张力仪
(上海衡平仪器仪表厂)

第三节　泡沫性能

泡沫是许多气泡被液体分隔开来的体系，与乳状液体系相似，也是一种分散体系，是大量气体分散于液体介质中的分散体系，其中气体是分散相（不连续相），液体是连续相（分散介质），液体中的气泡上升至液面，就形成了以液膜隔开气体的气泡聚集物，在热力学上泡沫是一种不稳定体系，但如果在溶液中加入某些表面活性剂，则可能形成相对较稳定的泡沫体系。

纯粹的液体很难形成泡沫，例如纯粹的水、醇、矿物油是不易起泡的，即使起泡也将迅速消失。能形成稳定泡沫的液体，至少需有两种的组分。表面活性剂水溶液是典型的易产生泡沫的体系，蛋白质及其他一些水溶性高分子物质的溶液也容易产生稳定持久的泡沫。

表面活性剂溶液泡沫形成过程如下，当空气被吹入溶液或者搅动溶液时，气体的渗入就产生了气泡，气泡产生后在气泡表面就会吸附表面活性剂分子，这些表面活性剂分子的亲水基向着水相，疏水基朝向空气，呈现出定向排列状，形成表面吸附膜。泡沫的形态如图 2-7 所示。

同时由于气体密度较小，气泡会上升至液体表面，再持续上升时又会将溶液表面上的表面活性剂分子定向吸附上去，形成双层表面活性剂的分子液膜，而被吸附的表面活性剂对液膜具有保护作用，大量的气泡聚集在一起即形成了泡沫，其形成过程如图 2-8 所示。

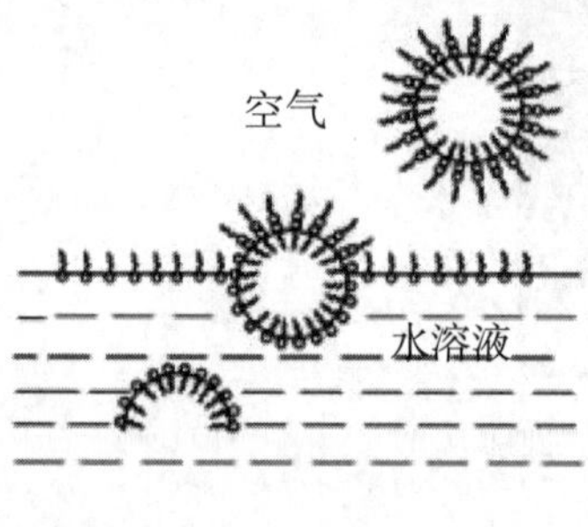

图 2-7　泡沫的形态示意图

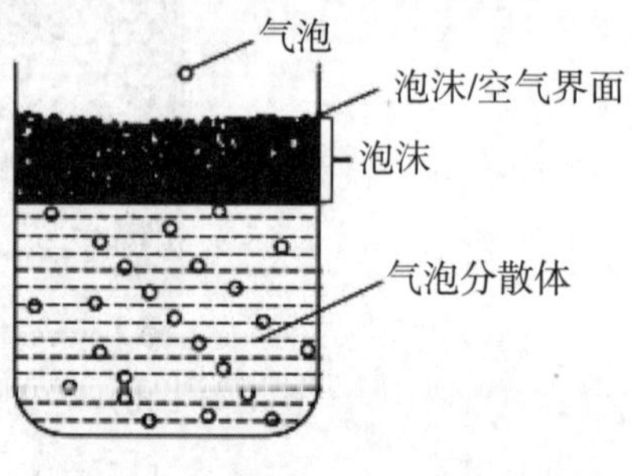

图 2-8　泡沫的形成过程图

为什么需要测试起泡性？若助剂容易起泡，那么在工厂使用时，缸内的泡会非常多，将造成堵布、机械故障等（布在缸内是首尾相接，像圈一样转动，靠喷口、转轮的推送，布自身重力在缸内循环转动。但是若泡沫很多，会托起织物，让喷口和转轮的推送失去作用，使布堵在喷口）。

一般表面活性剂的起泡性用 Ross-Miles 法测定。将表面活性剂样品用一定硬度的水配制成一定浓度的实验溶液。在一定的温度下，将 200 mL 试液从 90 cm 高度流到刻度量筒底部 50 mL 相同试液的表面后，测量得到的泡沫高度作为该样品的发泡力。发泡力用起始或 5 min 的泡沫高度（毫米）表示，取至少三次误差在允许范围内的结果平均值作为最后报告。多次试验结果之间的误差应不超过 5 mm。

第四节　织物柔软、硬挺性能

柔软整理和硬挺整理主要是为了获得特定的织物手感和风格，因此常被称为手感整理。

柔软整理是用柔软整理剂在纤维表面形成一层油性薄膜，大幅度降低纤维之间的动、静摩擦系数，使织物受力容易变形。柔软整理可使织物手感柔软、丰满、悬垂性好，方便织物加工且提高了服用性能。一般来说，织物的柔软整理分为机械法和化学法。机械柔软整理主要是利用机械方法，在张力状态下，将织物多次揉屈，以降低织物的刚性，使其能恢复至适当的柔软度。常用的机械柔软方法是在轧光机上穿过多根张力方杆，然后导入轧光机两个软辊筒所构成的软轧点中进行轧光。织物在通过张力杆时受多次屈曲，再经软轧点压平，从而获得平滑、柔软的手感。化学法是用柔软剂的作用来降低纤维间的摩擦系数以获得柔软效果。化学方法较为常用，有时也辅以机械方法。通常将织物在柔软剂溶液中浸渍一定时间，然后脱液、干燥。有时也可以把柔软剂与其他整理剂一并使用。有的柔软剂经过烘焙能产生耐洗整理的效果。

而硬挺整理的作用则相反，硬挺整理能增强织物中纤维相互间的作用力，在纤维之间形成一定数量的连接点，使织物抗变形能力增强，硬挺性提高。硬挺整理是利用一种能成膜的高分子物质制成的浆液黏附于织物表面上，干燥后，织物就有硬挺和光滑的手感。

国家标准（标准号码）中织物硬挺度测试方法有两种：斜面法和心形法。心形法用于评定薄型和有卷边现象的织物的柔软度，采用悬垂高度为测试指标，其值越大，织物越柔软。斜面法是一种最简易地用于评定厚型织物硬挺度的常用方法，采用弯曲长度、弯曲刚度与抗弯弹性模量指标，其值越大，织物越硬挺。本书实验所用到的硬挺度测试方法为斜面法。

斜面法的实验原理是将一定尺寸的织物狭长试样作为悬臂梁，根据其可绕性，可测试计算其弯曲时的长度、弯曲刚度及抗弯模量，作为织物硬挺度的指标。一般以弯曲长度值作为直接指标，弯曲长度数值越大，表示织物越硬挺且不易弯曲。具体操作步骤如下：

①将仪器放在水平的台板上；

②根据标准要求准备试样；

③将试样放于工作台上，并与工作台上标刻线对齐，然后放上钢尺/橡胶尺，尺子压板的 0 刻线与工作台上标刻线对齐；

④推动尺子压板，带动试样一起向前推进，当试样的头端通过平台的前缘达到与水平线呈 41. 5°倾角时，停止推动钢尺。

⑤记录标记对应的钢尺刻度作为试样的伸出长度；

⑥参照标准计算出试验结果即可。

织物硬挺测试如图 2-9 所示。

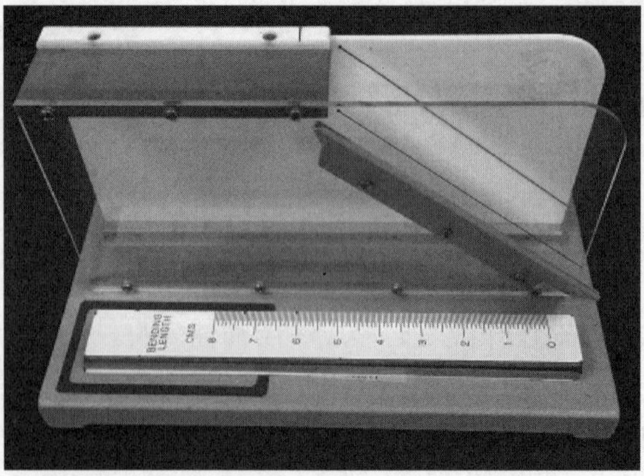

图 2-9　织物硬挺度测试仪（SDL-Atlas 公司）

第五节　印花黏度指数

织物印花是指将各种颜色的染料或颜料制成色浆，施加在织物上形成各种图案的加工过程。印花糊料是在印花色浆中能起到增稠作用的亲水性高分子化合物，是纺织品印花色浆中的重要组成部分。印花糊料在染料、化学药剂调制成印花色浆之前，一般均需溶于水或先在水中充分溶胀，制成一定浓度的糊状溶液，即印花原糊。印花原糊调制成色浆时，一部分染料溶解在水中，另一部分染料则溶解、吸附或分散在印花原糊中，印花糊料是印花色浆的主要组分，它决定着印花运转性能、染料的表面给色量、花纹轮廓的光洁度等。

印花黏度指数（printing viscosity index）是表示印花糊料流变性的一个特征指标，常用其英文首位字母 PVI 表示。其定义为剪切速度相差 10 倍时表观黏度的比值。

测定黏度之前，需将糊料制成一定比例的糊化水溶液，然后用黏度计测定在 6 r/min 和 60 r/min 时的黏度值，（一般先测试低转速下的黏度，再测试高转速下的黏度），两个黏度之比即称为印花黏度指数 *PVI*，即：

$$PVI = \frac{\eta_{60}}{\eta_6}$$

需要注意的是：①搅拌糊料时应注意尽量避免产生气泡，糊料在测定前需静置 5~10 min；②糊料溶液的黏度与温度有着密切的关系，糊化后的产品需冷却至室温再进行测定。

PVI 值可有效反映糊料的流变性能，*PVI* 为正值，当 $PVI=1$ 时，该流体为牛顿型流体。当 *PVI* 在 0~1 之间，*PVI* 值越小，则结构黏度指数越大，流体假塑性越大。同一原糊的 *PVI* 值与其浓度有关，当浓度降低时，*PVI* 值提高。各种原糊的 *PVI* 值因糊料品种、测试仪器的不同而异，所以必须标明测试条件。

不同印花方式对色浆 *PVI* 值的要求大致有以下关系：滚筒印花>圆网印花>平网印花>手工印花。

花型或图案特征不同，色浆的流变性也应不同。一般来说，印制线条、小花等精致花纹时，应选用 *PVI* 值较小、触变性较强和黏度较高的色浆，而印制大块面、满地花的花纹，或者要求印透性和印花均匀性好的产品，应选用 *PVI* 值较高、触变性较弱和黏度较低的色浆。

纤维性质和织物组织结构不同，对色浆流变性的要求也不同。亲水性天然纤维纺织品或印浆易渗透的蓬松纺织品印花时，宜选用固含量低、*PVI* 值较低和黏度较低的色浆，而印制疏水性纤维织物或色浆较难渗透的紧密织物，则宜选择含固量高、*PVI* 值较高和黏度较高的色浆。

第六节　乳液粒度

乳状液（又称乳液）是指一种液体分散在另一种与它不相混溶的液体中形成的多分散体系。乳液常为乳白色不透明液体，这种外观与分散相液珠大小有直接关系。一般乳液的液珠粒径为 0.1~10 μm，而可见光的波长为 0.4~0.8 μm，此时乳液中光的反射显著，呈现蓝白至乳白色，不透明。若液珠粒径在 0.05~0.1 μm，有散射现象，体系呈半透明状。当乳液的液珠粒径小于 0.05 μm 时，体系为半透明或透明的乳液，称为“微乳液”。

乳液液珠的粒度和粒度分布是判定乳液性能极其重要的指标。许多应用性能与之直接相关，例如，乳液的成膜光泽。在一定程度上，乳液液珠粒子越细，成膜光泽越好。商品乳液均由不同粒度的液珠粒子构成，呈现多分散性。由相同粒径粒子构成的乳液，称作单分散性乳液。作为乳液涂料，成膜致密度是极为重要的性质。乳液的多分散性对成膜致密度有利。当然，乳液的多分散性是有一定取值范围的，并非分散性数值越大，其应用性能越好。

乳液粒度检测主要采用如下方法：

①电子显微镜：采用电子显微镜观测，或拍照看片，较为直观，但对制样技术要求高，仪器费用高，乳液中胶粒相互干扰。

②光散射法：不同乳液粒径粒子，散射光角度不同，强度不同，以此可算出粒度和粒度分布。许多精细粒度仪和粒度分布仪均以此为原理。结合数据处理，可列表、绘曲线图、直方图等方式输出检测结果。

第七节　乳液固含量

固含量（solid content）是乳液或涂料在规定条件下烘干后剩余部分占总量的质量百分数，可能叫“不挥发分含量”更为确切。固含量不仅是成膜物质，还包括填料、助剂等，也是乳液聚合过程中常用的一个名词，比如理论固含量，在体系中加 30 g 单体、70 g 水，那么理论固含量为 30%。若单体转化率不是很高，那么理论与实际的固含量有区别。如醋酸乙烯酯，沸点较低，计算固含量时，可取一定质量的乳液，加入少许阻聚剂，然后蒸发溶剂与未反应的单体，确定加热前后的质量比即可。高固含量乳液并无明确的定义，一般认为固含量大于60%即为高固含量乳液，它与固含量在50%以下通常的乳液相比，具有生产效率高、运输成本低、干燥快、能耗低等优点，现已成为许多研究者的研究热点。

取直径100 mm左右的玻璃或马口铁洁净小器皿，置于有强制通风的烘箱中，烘干至恒重。烘箱中取出后应在干燥器中冷却。精确称取样品（样品量足以扩散到覆盖整个器皿盘面而液层又不过厚为宜）于器皿内。将装有样品的小器皿置于烘箱或干燥灯下烘至恒重，然后，将小器皿置于干燥器中冷却30 min，再称重量。

含固量=干燥后样品的重量/干燥前样品重量×100%。

第八节 乳液最低成膜温度

聚合物乳液能形成连续透明膜的最低温度，即为最低成膜温度，通常用MFT（minimum film formation temperature）表示。乳液的最低成膜温度是乳液的一个重要应用指标。即在低于某一特定温度以下，乳液的水分挥发以后，聚合物粒子仍是离散状态，不能融为一体，因而乳液并不因为水的蒸发而形成连续、均匀的涂膜。在高于这一特定温度时，水分蒸发后，各聚合物粒子中的分子会渗透、扩散、变形、聚集进而形成连续的透明薄膜。通过测定乳液的最低成膜温度可判定乳液和乳胶涂料的性能及应用质量。

乳液的MFT是由聚合物粒子内部构造和玻璃化转变温度T_g决定的。

乳液的MFT和聚合物的玻璃化转变温度T_g值之间无定量关系。一般而言，T_g高MFT也高。通常所制备的聚合物乳液，其粒子内部组成是较均匀的，在此情况下，MFT与T_g大体一致。但也有例外，其原因是MFT受乳液中的表面活性剂以及保护剂和水等因素影响。聚合物T_g和MFT之间的关系因所用单体的极性大小而异，对于单体极性大的聚合物，乳液的MFT较T_g低，而对于单体极性小的聚合物而言，乳液的MFT则较T_g为高。表2-2列举了几种不同极性聚合物的T_g与乳液MFT的数据。

表2-2 几种不同极性聚合物的T_g与乳液MFT数据

聚合物组成	T_g/℃	MFT/℃
St/BA 75/25	48	58
St/BA 55/45	17	23
St/BA 50/50	10	21
MMA/EA 50/50	30	27
MMA/EA 45/55	25	18
聚乙酸乙烯	30	13
聚丙烯酸甲酯	3	20

注：St-苯乙烯；BA-丙烯酸丁酯；EA-丙烯酸乙酯；MMA-甲基丙烯酸甲酯。乳液的最低成膜温度要在最低成膜温度测试仪上进行测定。

本书中的实验采用英国 Rhopoint 仪器公司的 MFFT-60 型最低成膜温度仪测定，其简要测试方法如下：

一、开机前检查

（1）检查所有水管接头是否牢固密封。

（2）检查仪器电源线插头、插座接触是否牢固。

（3）检查自来水水压是否正常。

二、开机

（1）打开供水阀门，调整合适的水量。

（2）提起测试台盖，放倒测试台盖支撑条，盖好测试台盖。

（3）打开仪器电源开关。

（4）打开仪器面板上的“仪器开关”，仪器进入自动工作程序。

（5）按压低温设定键，选择所需的低温值。

（6）按压高温设定键，选择所需的高温值。

三、制样

（1）开机 1.5 h 后，打开测试台盖，按国标标准 GB/T9267-88“乳胶漆用乳液最低成膜温度的测定”的规定在温度梯度板上涂布试样，其有效范围在测试台刻度 1~10 点之间。在刮涂试样时，建议从温度高端向温度低端刮涂，以避免低端凝结冰、霜而影响刮涂的平整性。

（2）试样刮涂完成后，盖好测试台盖，继续恒温工作。

四、最低成膜温度评定

在试样透明和龟裂或白垩化分界处恒定后，观察其分界处位于哪个温度区间，调整“温度显示选择”至该区间，使“低温度显示屏”显示区间低端温度，“高温度显示屏”显示区间高端温度，根据区间温度值，按区间刻度及分界处比例，得出最低成膜温度，评定的方法及精度，按国家标准 GB/T9267-88“乳胶漆用乳液最低成膜温度的测定”执行。最低成膜温度仪如图 2-10 所示。

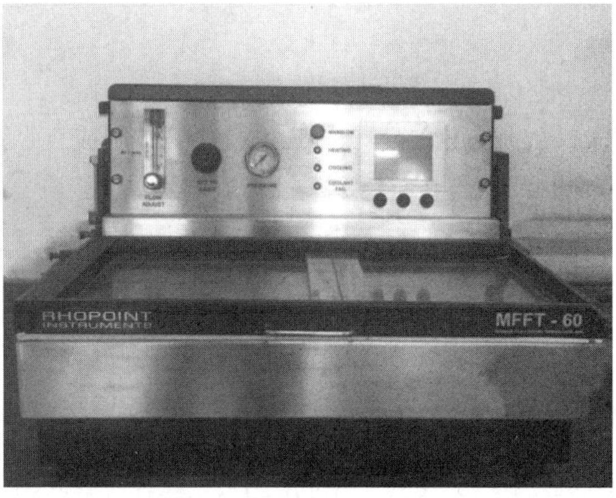

图 2-10　MFFT-60 型最低成膜温度仪（英国 Rhopoint 仪器公司）

五、关机和清洁

关机：

（1）按压一次开水键。

（2）关闭仪器面板开关。

（3）关闭电源开关。

（4）拔掉电源插头。

（5）关闭供水阀。

清洁：工作完成后，应对测试台进行清洁，先用吸水性强的物品将试样清除，再用柔软干布将测试台擦拭干净，立起测试台盖两边的支撑条，盖上测试台盖并在空气中裸露一段时间，最后盖上仪器防尘罩。

在清洁时注意，不要让异物进入梯度板两端的干燥空气出、回气口内，以免阻塞气路。

第九节　渗透性能

渗透性是指使液体迅速而均匀地渗透到某种固体物质内部的性能，织物渗透性（润湿性）的测试是将一不易润湿的织物（生帆布、坯布）或纤维（未经精炼的纱线）放入待测样品的渗透液中。有两种测试表示方法：一是测定织物或纤维完全润湿（开始下沉或开始沉降至某一位置）所需的时间；二是调整助剂溶液浓度，使沉降时间相同来计算相对渗透力。

常规渗透剂的测试方法目前常用的有两种：一是渗透力的测定，沉降法；二是润湿力的测定，浸没法（HG/T2575 表面活性剂润湿力的测定浸没法）。

一、渗透力的测定——沉降法

1. 试验材料

①不锈钢尖头镊子；

②秒表；

③棉帆布圆片：28 tex（21 支）3 股×28 tex 4 股纫帆布制成直径为 35 mm 的圆片，储藏备用，或购置标准帆布圆片。

2. 试样准备

称取一定量的样品于 250 mL 烧杯中，加入 100 mL 蒸馏水，调匀、待全部溶解后（必要时加热），移入 1000 mL 容量瓶中，稀释至刻度，摇匀备用。[称样量控制帆布圆片的沉降秒数在（100±10）s 为准]。

3. 测定步骤

用量筒量取 800 mL 渗透剂溶液，移入 1000 mL 烧杯中，调节温度至（25±1 ℃）。用不锈钢尖头镊子镊持帆布圆片的中心，移入渗透剂溶液液面上距约 1 cm（帆布圆片的平面与溶液液面保持平行）松开摄子，帆布圆片一接触到液面即开启秒表计时，由于渗透剂使帆布原片润湿，当密度大于试样时，帆布圆片开始沉降，沉至烧杯底部时，即为终点，记录沉降所需时间。重复测试 10 次，取其平均值，将与平均值相距±20 s 以上的数据剔除，然后再求其平均值，即为渗透剂试样的渗透时间。

4. 测试结果

比较沉降时间的秒数，秒数越小其渗透性越好。

二、润湿力的测定——浸没法 HG/T2575 表面活性剂润湿力的测定浸没法

略。

第十节　抗皱性能

蚕丝纤维以及以棉纤维为主的纤维素等天然纤维，具有吸湿透气、抗静电、穿着舒适及易生物降解等众多优良性质，深受人们喜爱。但此类纤维也存在着弹性较差、易起皱、穿着不挺括等缺点，特别是使用过程中的易起皱性质，给服用过程带来了极大的局限性。织物上的折皱可简单地看作是由于外力使纤维弯曲变形，且放松后未能完全恢复原状所造成的。织物的起皱机理一般被认为是纤维无定型区存在大量氢键，但却缺少化学的交联，一旦受到外力或水分的作用，氢键被破坏，于是分子间发生相对的滑移。而当外力去除时，分子间又没有足够的约束力使其恢复到原来的位置，变形也就不能完全恢复，从而产生了折皱。而织物的抗皱性能即对织物进行抗皱整理，使其具有从折皱中恢复或部分恢复到织物原始状态的能力。普遍采用可与纤维上官能基团起着键合作用即共价交联作用，同时又可在纤维上起沉积作用的某些高分子化合物（即合成树脂）对织物进行处理，通常用在一定条件下测定织物的折皱回复角来衡量织物的抗皱整理效果。

织物的抗皱性能测试分垂直法和水平法两种，回复角测试仪见图 2-11。

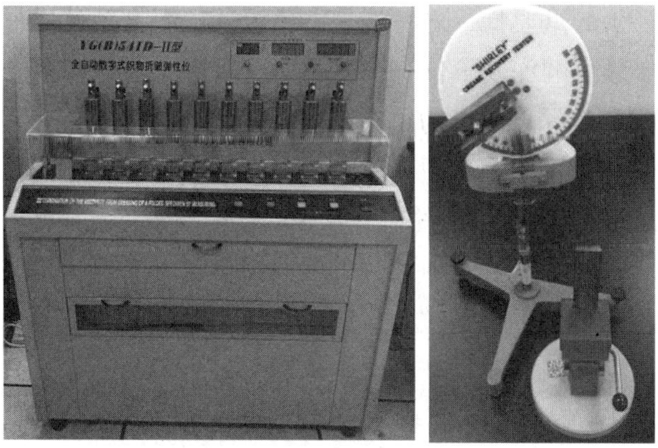

（a）垂直法　　　　（b）水平法

图 2-11　织物折皱回复角测试仪

测试时，选择织物平整、无严重折皱部位用样板划样，样板的上下边缘应该沿经、纬组织方向，防止倾斜，布样形状及尺寸如图 2-12 所示。剪取试样，经向 5 块，纬向 5 块，并且在每块试样上做好方向的标记。试样测试前要在标准条件下［温度（20±1）℃、相对湿度（65±2）%］平衡 24 h 后进行测试。

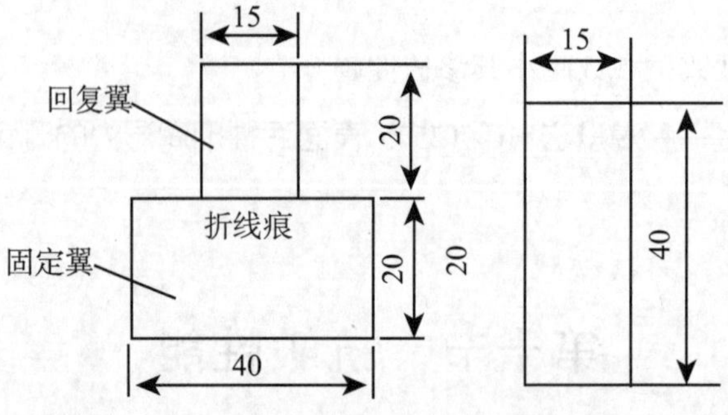

（a）垂直法样　　（b）水平法样

图 2-12　织物折皱回复角测试取样示意图（单位：mm）

第十一节　织物的 *K/S* 值

染色是指用染料（天然染料和化学染料）按一定的方法使纤维、纱线或织物获得颜色的加工过程。它包括将染料制成某种介质（一般是水）的溶液或分散液，利用染料和纤维之间产生物理的、化学的或物理与化学相结合的作用对纤维染色，或者用化学方法使染料中间体在纤维上生成颜料，从而使纺织品具有一定的颜色。染料在纺织物上应有一定的耐水洗、日晒、摩擦等性能，这种性能称为染色牢度，同时染色纺织品也应该符合一定标准的生态环保要求。

对染料染色性能评价的重要指标之一就是染色深度。织物颜色的深度在染料生产和应用中有着重要的意义。颜色的深浅不仅直接涉及染料用量，也是许多染料着色强度（即力分）分析的基础。测定染色深度时，为了有一个统一的衡量标准，必须首先确定有色产品的染色标准深度。目前最常用的表示颜色深度的方法是在有色物体的反射或透射光谱的最大吸收波长处计算 Kubelka-Munk 函数的值（K/S）。

Kubelka-Munk 染色深度方程在被测物体的吸收系数 K 和散射系数 S，与固体试样中有色物质浓度 C 之间建立了一定的函数关系。通过计算得到的 K/S 值越大，固体试样表面颜色越深，即有色物质浓度越高，染料染色性能越好。

$$K/S=(1-R_{\infty})^{2}/2R_{\infty}$$

其中：K 为被测物体的吸收系数；S 为被测物体的散射系数；R 为反射率，　为波长。

由于常用的 K/S 值计算方程有一定的假设条件，因此在使用时应注意以下几点：

①使用 K/S 值作表观颜色深度比较时，不能用于色调或主吸收（反射）峰波长明显

改变的样品。一般只能用于单个染料染色的织物样品。

②因为不同染色条件通常会导致染料在织物表面和内部纤维上分布状态的变化，因此 *K/S* 值不能直接用于表征不同染色条件下的染料上染率或固色率变化。

③单波长下的 *K/S* 值不能用于表征样品的颜色和色差。

④用 *K/S* 值半定量地表达织物上染料浓度的变化时，应减去未染色织物相应波长下的 *K/S* 值。

⑤使用 *K/S* 值时，应标注测试波长。

第十二节　四大波谱

精细化学品的范围十分广泛，种类众多。从化学角度来看，无论是纯的功能性分子，还是复配产品中的任何成分，都是通过化学合成或提取得来的，这就不可避免地涉及到有效成分的分离提纯与结构分析鉴定。即便是复配的产品，也是确定结构分子的复配，而确定明确的分子结构是前提，才能复配。

能够采用波谱分析方法确定有机化合物结构，是化学类大学生应该具备的基本素质和应该掌握的基本技能。

通常所说的四大波谱指的是：电子跃迁-紫外（UV），振动光谱-红外/拉曼（IR/Raman），核磁共振（NMR），物质粒子的质量谱-质谱（MS）。紫外可以看出物质在紫外可见光区的最大吸收波长，红外可判断分子中的特征官能团及特定结构，核磁可判断分子中碳和氢的具体信息，从而可以确定一个分子的准确结构，质谱可以给出未知分子的碎片信息与分子量的大小。

一、紫外光谱

1. 基本原理

紫外-可见吸收光谱(UV-Vis)的范围是 100~800 nm。所有的有机化合物均在这一区域有吸收带。100~200 nm 称为远紫外或真空紫外区，由于大气中的氧、氮、二氧化碳、水等在这一区域有吸收，因此在测定这一范围的光谱时，必须将光学系统抽成真空，然后充以一些惰性气体，如氦、氖、氩等。由于真空紫外吸收光谱的研究需要昂贵的真空紫外分光光度计，因此在实际应用中受到一定的限制。200~400 nm 范围称为近紫外区，许多化合物在这一区域产生特征吸收。400~800 nm 为可见光区，有些较大的共轭体系的吸收延伸至该区。我们通常所说的紫外-可见光谱，实际上是指近紫外和可见光区，这些吸收带的位置和强度能够提供有用的结构信息。

分子内部的运动有转动、振动和电子运动，相应状态的能量（状态的本征值）是量子化的，因此分子具有转动能级、振动能级和电子能级。通常，分子处于低能量的基态，从外界吸收能量后，能引起分子能级的跃迁。电子能级的跃迁所需能量最大，大致在 1~20 eV（电子伏特）之间。根据量子理论，相邻能级间的能量差 ΔE、电磁辐射的频率 ν、波长 λ 符合下面的关系式：

$$\Delta E = h\upsilon = h \times \frac{c}{\lambda}$$

式中：h 是普朗克常量，为 6.624×10^{-34} J · s = 4.136×10^{-15} eV · s；c 是光速，为 2.998×10^{10} cm/s。应用该公式可以计算出电子跃迁时吸收光的波长。许多有机分子中的价电子跃迁，须吸收波长在200~1000 nm范围内的光，恰好落在紫外-可见光区域。因此，紫外吸收光谱是由于分子中价电子的跃迁而产生的，也可以称它为电子光谱。

2. 染料解析方法

根据图谱的信息来判断可能存在的生色团、助色团，同时要考虑红移、蓝移现象以及增色减色效应。同时紫外吸收带通常是宽带，影响吸收带形状的因素有：被测化合物的结构、测定的状态、测定的温度、溶剂的极性等。π电子共轭体系增大，λ_{max} 红移，ε_{max} 增大。空间阻碍使共轭体系破坏，λ_{max} 蓝移，ε_{max} 减小。另外，不同性质的溶剂与样品分子的作用可能改变有关分子轨道的能级，因而改变最大吸收波长。溶剂极性增大，$\pi\rightarrow\pi^*$ 跃迁吸收带红移，$n\rightarrow\pi^*$ 跃迁吸收带蓝移。

物质的紫外-可见光谱可通过紫外-可见光谱仪测试得到，具体操作方法参见所用仪器说明书。

二、红外光谱

1. 基本原理

物质分子运动近似可分为平动、转动、振动和分子内电子相对于原子核的运动。与产生红外光谱有关的运动方式是原子的振动和分子的转动。用红外光照射化合物分子，分子吸收红外光的能量使其振动能级和转动能级产生跃迁。分子吸收能量后在振动运动状态发生改变的同时必然伴随着若干转动能量的变化，故红外光谱亦称为振-转光谱。只有当外来电磁辐射的能量恰好等于基态与某一激发态的能量之差时（$\Delta E = h\upsilon$），这个能量才能被分子吸收产生红外光谱，或者说只有当外来电磁辐射的频率恰好等于从基态跃迁到某一激发态的频率时，则产生共振吸收，产生红外光谱。

2. 官能团的解析方法

4000~1500 cm^{-1} 范围称为特征区，为基团和化学键的特征频率（基频），特征区的信息对结构鉴定是很重要的。1500~400 cm^{-1} 范围称为指纹区，主要是单键伸缩振动和X-H的变形振动频率。各种单键的特征峰和X-H变形振动的特征峰互相重叠干扰，因此1500~400 cm^{-1} 范围内出现的吸收谱带不具有特征性。但它对分子结构的变化十分敏感，就像人的指纹一样，两个化合物的指纹区光谱不会完全相同。两个结构相近的化合物特征区的光谱可能大同小异，但只要结构上有细微的差异，就会引起指纹区光谱的显著改变。所以指纹区的信息对结构鉴定也同样重要。

测试时首先要了解样品来源和制备方法，其次计算其不饱和度，再做几张不同浓度下的红外光谱，从而确定所含的基团和化学键。

物质的红外光谱可通过红外光谱仪测试得到，具体操作方法参见所用仪器说明书。

三、核磁共振谱

1. 基本原理

根据量子力学原理，与电子一样，原子核也具有自旋角动量，其自旋角动量的具体数值由原子核的自旋量子数 I 决定，原子核的自旋量子数 I 由如下法则确定：

①中子数和质子数均为偶数的原子核，自旋量子数为 0；

②中子数加质子数为奇数的原子核，自旋量子数为半整数（如，1/2，3/2，5/2）；

③中子数为偶数、质子数为奇数的原子核，自旋量子数为整数（如，1，2，3）。

由于原子核携带电荷，当原子核自旋时，会产生一个磁矩。这一磁矩的方向与原子核的自旋方向相同，大小与原子核的自旋角动量成正比。将原子核置于外加磁场中，若原子核磁矩与外加磁场方向不同，则原子核磁矩会绕外磁场方向旋转，这一现象类似陀螺在旋转过程中转动轴的摆动，称为进动。进动既具有能量也具有一定的频率。进动频率又称 Larmor 频率：$v=\dfrac{\gamma B}{2\pi}$。

γ 为磁旋比，B 为外加磁场的强度。磁旋比 γ 是一个基本的核常数。可见，原子核进动的频率由外加磁场的强度和原子核本身的性质决定，也就是说，对于某一特定原子，在已知强度的外加磁场中，其原子核自旋进动的频率是固定不变的。

原子核发生进动的能量与磁场、原子核磁矩、以及磁矩与磁场的夹角相关，根据量子力学原理，自旋量子数为 I 的核在外加磁场中有 2I+1 个不同的取向，原子核磁矩的方向只能在这些磁量了数之间跳跃，而不能平滑地变化，这样就形成了一系列的能级。这些能级的能量为：$E=\dfrac{-\gamma h_m B}{2\pi}$。

式中，h 是 Planck 常数（普朗克常数）（6.626×10^{-34}）；m 是磁量子数，取值范围从 $-I$ 到 $+I$，即 m= $-I$，$-I+1$，⋯ I 1，I。

当原子核在外加磁场中接受其他来源的能量输入后，就会发生能级跃迁，也就是原子核磁矩与外加磁场的夹角会发生变化。根据选择定则，能级的跃迁只能发生在 $\Delta m=\pm1$ 之间，即在相邻的两个能级间跃迁。这种能级跃迁是获取核磁共振信号的基础。根据量子力学，跃迁所需要的能量变化：$\Delta E=\dfrac{\gamma hB}{2\pi}$。

为了让原子核自旋的进动发生能级跃迁，需要为原子核提供跃迁所需要的能量，这一能量通常是通过外加射频场来提供的。当外加射频场的频率与原子核自旋进动的频率相同的时候，即入射光子的频率与 Larmor 频率 γ 相符时，射频场的能量才能够有效地被原子核吸收，为能级跃迁提供助力。因此某种特定的原子核，在给定的外加磁场中，只吸收某一特定频率射频场提供的能量，这样就形成了一个核磁共振信号。

2. 化合物解析方法

^{1}H NMR 是目前研究最充分的波谱，已得到许多规律并用于研究分子结构。从 ^{1}H NMR 谱中可以得到四方面的结构信息：①从峰的数目判断分子中氢的种类；②从化学位移判断分子中存在基团的类型；③从积分线（峰面积）计算每种基团中氢的相对数目；

④从偶合裂分关系（峰形状）判断各基团是如何连接起来的。在核磁共振谱中，共振峰下面的面积与产生峰的质子数成正比，因此，峰面积比即为不同类型质子数目的相对比值。

$n+1$ 规律：由于相邻核的偶合而产生的谱带裂分数遵循 $2nI+1$ 规律。对于^{1}H、^{13}C 等原子核，$I=1/2$ 则变成 $n+1$ 规律。如在氯乙烷的例子中，CH_3 相邻的 CH_2 有二个氢核，裂分成 2+1=3 重峰。CH_3 则使 CH_2 裂分成 3+1=4 重峰。

图谱分析步骤：

①标识杂质峰，最主要的杂质峰是溶剂峰；

②根据峰（组峰）的数目确定氢核的种类；

③根据峰的化学位移确定它们的归属；

④根据积分曲线计算各组峰的相应氢核数（现在的图谱上已标出）；

⑤根据峰的形状和偶合常数可以确定基团之间的互相关系；

⑥采用重水交换的方法识别-OH、$-NH_2$、-COOH 上的活泼氢；

⑦综合各种分析，推断分子的结构并对结论进行核对。

物质的核磁共振谱可通过核磁共振波谱仪测试得到，具体操作方法参见所用仪器说明书。

四、质谱

1. 质谱仪

用来测量质谱的仪器称为质谱仪，可以分成三个部分：离子化器、质量分析器与侦测器。其基本原理是使试样中的成分在离子化器中发生电离，生成不同荷质比的带正电荷离子，经加速电场的作用，形成离子束，进入质量分析器。在质量分析器中，再利用电场或磁场使不同质荷比的离子在空间上或时间上分离，或是透过过滤的方式，将它们分别聚焦到侦测器而得到质谱图，从而获得质量与浓度（或分压）相关的图谱。

在质谱计的离子源中有机化合物的分子被离子化。丢失一个电子形成带一个正电荷的奇电子离子($M^{+\cdot}$)叫分子离子，它还会发生一些化学键的断裂生成各种碎片离子。带正电荷离子的运动轨迹：

$$r_m=\frac{c}{H}\sqrt{\frac{3Vm}{e}}$$

经整理可写成：

$$\frac{m}{e}=\frac{r_m^2H^2}{2Vc^2}$$

式中：$\frac{m}{e}$为质荷比是离子质量与所带电荷数之比。近年来常用 m/z 表示质荷比，z 表示带一个至多个电荷。由于大多数离子只带一个电荷，故 m/z 就可以看作离子的质量数。

质谱的基本公式表明：

①当磁场强度(H)和加速电压(V)一定时，离子的质荷比与其在磁场中运动半径的平方成正比：

$$m/z\propto r_m^2$$

质荷比(m/z)越大的离子在磁场中运动的轨道半径(r_m)也越大。这就是磁场的重要作用，即对不同质荷比离子的色散作用。

②当加速电压(V)一定以及离子运动的轨道半径(即收集器的位置)一定时，离子的质荷比(m/z)与磁场强度的平方成正比：

$$m/z \propto H^2$$

改变 H 即所谓的磁场扫描，磁场由小到大改变，则由小质荷比到大质荷比的离子依次通过收集狭缝，分别被收集、检出和记录下来。

③若磁场强度(H)和离子的轨道半径(r_m)一定时，离子的质荷比(m/z)与加速电压(V)成反比：

$$m/z \propto 1/V$$

表明加速电压越高，仪器所能测量的质量范围越小。就测量的质量范围而言，希望质量范围大一些，这就必须降低加速电压。从提高灵敏度和分辨率来讲，需要提高加速电压。这是一对矛盾，解决的办法是在质量范围够用的情况下尽量提高加速电压，高分辨质谱计加速电压为 8 kV，中分辨为 4~3 kV。

2. 化合物解析方法

质谱的表示方法有质谱图和质谱表两种，最常用的为质谱图。质谱图的横坐标是离子的质荷比(m/z)，当离子所带的电荷 $z=l$ 时，质荷比就是离子的质量；质谱的纵坐标表示相对强度或相对丰度，以质谱图中最强峰的强度为 100%，称为基峰。

质谱中的分子离子($M^{+\cdot}$)和碎片离子(Λ^+)都是由天然丰度最大的轻同位素组成的。比分子离子($M^{+\cdot}$)或碎片离子(A^+)峰高 1~3 质量数处可观察到一些小峰，它们来自重同位素的贡献，称为同位素峰。由于各种元素同位素的天然丰度不同，它们同位素峰的强度也不相同，同位素峰的强度不仅与重同位素天然丰度有关，还与分子所含元素的数目有关。所以，由质谱确定相对分子质量、分子式比其他方法准确度高，测定速度快、样品量少。分子离子峰的质荷比(m/z)就是该化合物的相对分子质量，再根据同位素峰的相对强度就可以确定分子式。

物质的质谱可通过质谱仪测试得到，具体操作方法参见所用仪器说明书。

第十三节　荧光光谱

荧光是物质吸收电磁辐射后受到激发，受激发原子或分子在去激发过程中再发射波长与激发辐射波长相同或不同的辐射。当激发光源停止辐照试样以后，再发射过程立刻停止，这种再发射的光称为荧光。荧光光谱包括激发光谱和发射光谱两种：激发光谱是荧光物质在不同波长的激发光作用下测得的某一波长处的荧光强度的变化情况，也就是不同波长的激发光的相对效率；发射光谱则是某一固定波长的激发光作用下荧光强度在不同波长处的分布情况，也就是荧光中不同波长的光成分的相对强度。

荧光发光机理可按量子理论通俗解释：光具有波动、粒子二重性，光波愈短，其光子能量愈强；反之波长愈长其能量则弱。当某些物质受到紫外线或较短波长光照射，吸收了全部或部分光能量，使其分子的能级升高而处于亚稳定状态，当恢复到稳定的基态时，这些分子就会立即释放多余的能量，其中一部分化为热量而消失。但对某些物质而言，向基态跃迁时是以“光”形式释放，因为有部分能量被消耗，所以重新发出的光能量总体比吸收的能量要小。由于能量愈小，光波愈长，所以物质所激发的荧光总比照射它的光波要长。

归纳起来，荧光具有以下特性：

①物质欲发射荧光，必须吸收激发光能。在常温下所发出的荧光波长较激发光长，能量较激发光弱（Stokes 定律）。

②荧光的吸收光谱和发射光谱大致对称于某轴分布，形成镜象关系（如图 2-13 所示），它的吸收光波段 A 和发射光波段 B 大约在 150 nm 范围内，之间的峰值距 C 则随物质而异，最大相距约为 180 nm，小的约为 30 nm，但大多数激发光谱长波部分常常与发射光谱短波部分重叠在一起。

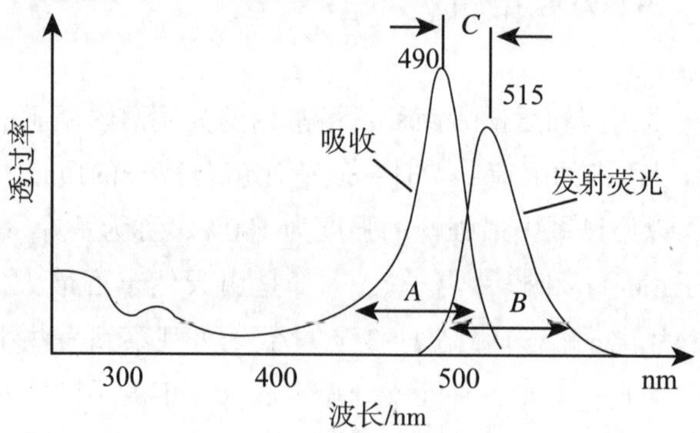

图 2-13　FITC 的吸收和发射光谱曲线

物质荧光的光谱特性是固有的，当它接收特定的激发光（吸收），就会发出固有荧光色，因此依据荧光的特异性可判断是什么物质。

③荧光发出时不象普通光那样会产生热效应，它是冷光。荧光随激发光停止照射时，在 $10^{-7} \sim 10^{-8}$ s 之间消失。

④荧光发光方向与激发光的方向无关，它呈球体辐射。

⑤荧光的衰减与猝灭。荧光的衰减是指在受激发光照射期间，发出的荧光光强的减弱。衰减的程度取决于激发光强度和照射时间。采用高强度激发光时其衰减要显著得多，有时在 1 s 的间隔内，荧光就会大大减弱。荧光还有猝灭现象，特别对于继发荧光，这是一种复杂的现象，由于处于激发状态的荧光发色团分子发生了变态，导致荧光量子产量的减少，这样便缩短了荧光的发射时间。

⑥荧光的光强 $I_{荧}$ 一般是较弱的，荧光效率约在 0.1～0.9 之间，通常只在 0.3～0.4。它由下式决定：

$$I_{荧} = R \times Z$$

R 为吸收光强，它仅占光源能量的一小部分；Z 为小于 1 的系数。

⑦荧光具有偏振性。表 2-3 列举了常用的荧光色素的平均吸收波长、荧光平均波长和峰值间隔。表中数值可用显微光度计或分光光度计和荧光光度计在荧光色素染色标本上测定。测定物质的吸收光谱和荧光光谱是非常重要的，特别对于新的色素必须测定。所测数据以文件形式记录，可作为设计荧光显微镜的基本依据。

表 2-3　荧光色素的吸收和发射光谱

荧光色素	平均吸收波长/nm	荧光平均波长/nm	峰值间隔/nm	激发光区
DAN S（二氨基萘胺磺酸）	340	525	185	UV
5-HT（5-hydroxy-tryptamine）	397	525	128	UV
Cotecholamine	410	470	60	U/B
Quinacrine mustard	430~460	490~530	60~70	U/B
邻苯二酚胺	410	470	60	U/B
吡罗红	410	540	130	U/B
樱草素 O	430	550	140	U/B
硫代黄色素	430	550	120	U/B
Euchrysin	430	540	110	U/B
奎宁	430~460	490~530	60~70	U/B
金膦 G	450	580	130	U/B
Tetracycline 四环素	390	440	50	B
Auramine 金胺	460	550	90	B
沉香磷化氢 O	460	575	115	B
磷化氢 3R	465	565	100	B
吖啶橙 Acridine orange	470	530~650	60~180	B
吖啶黄 Acridine yellow	470	550	80	B
FITE 异硫氰酸荧光黄	490	520	30	B
塞嗪 R	510	580	70	G
TRITC 异硫氰酸四甲基罗达明	540	570	30	G
萘红	540	570	30	G
罗达明 B	540	625	85	G
Acid fuchsin	540	630	90	G
玫瑰苯胺	570	625	55	G
Lissamine Rhodamine B	575	595	25	G
德克萨斯红 Texas Red	595	600~660	95	Y

物质的荧光光谱可通过荧光光谱仪测试。

第十四节　色谱法

一、基本定义

色谱分析法（Chromatography），又称色谱法或层析法，属于物理或物理化学分离分析方法，是利用某一特定的色谱系统（薄层色谱、离子色谱、高效液相色谱或气相色谱等系统），对混合物中不同组分在固定相（stable phase，简写为 s）和流动相（mobile phase，简写为 m）之间相互作用力的差异来实现分离。

在分离过程中，其中不动的一相为固定相，另一相是推动混合物流过此固定相的流体，为流动相。流动相中所含的混合物经过固定相，与固定相发生相互作用，由于各组分在性质与结构上的不同，相互作用的大小强弱也有差异。因此，在同一推动力作用下，不同组分在固定相中的滞留时间不同，从而按先后次序从固定相中流出。这种用两相分配原理而使混合物中各组分获得分离的技术，称为色谱分离技术或色谱法，最初是由俄国的植物学家茨维特（M. Tswett）于 1906 年用于植物色素的分离，因此命名为色谱法。流动相为气体时，称为气相色谱；当流动相为液体时，称为液相色谱。

色谱法具有高分离效能、灵敏度高、选择性强、应用范围广等特点，适用于生命科学、药学、材料科学、环境科学等学科，以及制药、食品、药品、农药、香料、公安等领域。部分制备色谱还可以对目标物进行浓缩和提纯。

色谱分离是基于固定相对样品中各组分的吸附或溶解能力强弱的不同，定量地用分配系数 K（或容量因子 k）值来表示吸附或溶解能力的强弱。吸附或溶解能力强的组分分配系数（或容量因子）大，保留时间长；反之，吸附或溶解能力弱的组分分配系数小，保留时间短。

分配系数既（distribution coefficient，K）指在平衡状态下，组分在固定相（s）与流动相（m）中的浓度（concentration，C）之比。公式如下：

$$K = \frac{C_s}{C_m}$$

式中：C_s 为组分在固定相中的浓度，C_m 为组分在流动相中的浓度。

分配系数与组分、固定相和流动相的性质有关，也与温度和压力有关。

容量因子（capacity factor，k）指在平衡状态下，组分在固定相（s）与流动相（m）中的质量之比，又称为质量分配系数或分配比。公式如下：

$$k = \frac{m_s}{m_m} = \frac{C_s V_s}{C_m V_m}$$

式中：m_s 为组分在固定相中的质量，m_m 为组分在流动相中的质量。

分配系数与容量因子的关系公式如下：

$$K = k\frac{V_m}{V_s}$$

分配系数 K 反映出色谱柱的柱形及结构的重要性。

二、色谱法的基本理论

色谱法基本理论主要包括塔板理论和速率理论。

1. 塔板理论

塔板理论始于马丁（Martin）和辛格（Synge）提出的塔板模型。在分馏塔上，混合物在塔板上多次气液平衡，按沸点不同而分离；在色谱柱上，多组分物质在两相间的多次分配平衡，按分配系数不同而分离。假设色谱柱内存在许多塔板，组分在塔板间隔（即塔板高度）内可以很快达到分配平衡，流动相进入色谱柱，不是连续的而是脉动式的，即每次通过一定距离计为一个塔板体积，样品加在每个塔板上，样品沿色谱柱轴方向的扩散可以忽略，同时假设在所有塔板上分配系数相等，与组分的量无关，即分配系数在各塔板上是常数。色谱流出曲线方程为：

$$C = \frac{C_0}{\sigma\sqrt{2\pi}}e^{-\frac{(t-t_R)^2}{2\sigma^2}}$$

式中：C 为任意时间 t 的浓度，C_0 为进样浓度，σ 为标准差，t_R 为保留时间。

理论塔板数（N）表示柱效率，是评价柱效能的指标。N 取决于固定相的种类、性质（粒度、粒径分布等）、填充状况、柱长、流动相的种类和流速及测定柱效所用物质的性质。在保留时间 t_R 一定时，峰宽（W）或半峰宽（$W_{1/2}$）越小，峰越窄，理论塔板数 N 越大，柱分离效率越高。在峰形对称并符合正态分布，N 可近似用公式表示为：

基于半峰宽的计算公式， $N = 5.54 \times \left(\frac{t_R}{W_{1/2}}\right)^2$

基于峰宽的计算公式， $N = 16 \times \left(\frac{t_R}{W_{1/2}}\right)^2$

柱效率通常用理论塔板数(N)或理论塔板高度(H)来描述色谱柱的分离效能。理论塔板高度(H)为单位理论塔板对应的柱长(L)，可用以衡量单位长度色谱柱的效率。H 越小，则色谱柱效率越高。

$$H=L/N$$

有效理论塔板数（N_{eff}）指用调整的保留时间（t'_R）计算的理论塔板数，所得值称为有效理论塔板数，公式为：

$$N_{eff} = 16 \times \left(\frac{t'_R}{W_{1/2}}\right)^2$$

有效理论塔板数扣除非保留时间(死时间)的影响，仅基于调整保留时间(t'_R)计算，更真实反映固定相的分离能力。

2. 速率理论

速率理论是荷兰学者范第姆特（van Deemterl）等在塔板理论基础上，将色谱分配过程与分子扩散和气液两相中的传质过程的动力学因素相结合，建立的色谱过程的动力学理论。速率理论认为，单个组分分子在色谱柱内固定相和流动相间要发生千万次转移，加上分子扩散和运动途径等因素，组分分子在柱内运动是随机的和高度不规则的，流动速率也是不均一的，无限多个随机运动的组分粒子流经色谱柱所用的时间被认为呈正态分布。保留时间 t_R 是时间的平均值，即组分分子的平均行为。

速率理论同时提出了范第姆特方程式，表明塔板高度(H) 与载气线速(u) 以及理论塔板高度 H 的三项因素之间的关系，简化式为：

$$H = \mathrm{A} + \mathrm{B}/u + \mathrm{C} \times u$$

式中：A、B、C 为常数，A 为涡流扩散项常数，B 为分子扩散项常数，C 为传质项常数；u 为流动相线速度(单位为 cm/s)，即一定时间里载气在色谱柱中的流动距离。

由式中关系可见，当 u 一定时，只有当 A、B、C 较小时，H 才能有较小值，才能获得较高的柱效能；反之，色谱峰扩张，柱效能较低。

3. 色谱法相关术语

色谱图，指进样后色谱柱流出物通过检测系统时，所产生的响应信号强度与时间之间绘制的曲线。

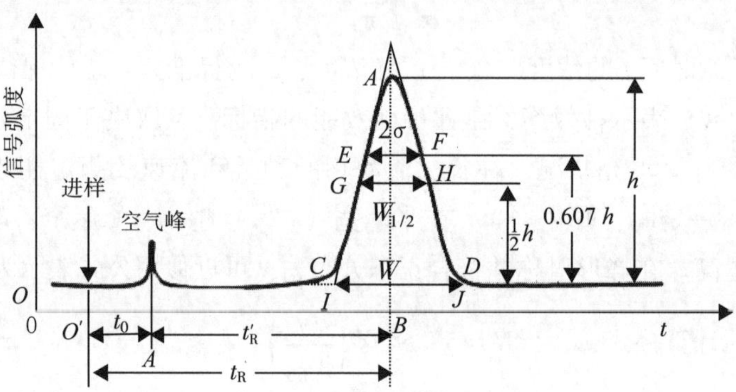

图 2-14　色谱图与色谱峰示意图

色谱峰，指色谱柱流出组分通过检测系统时所产生的响应信号的微分曲线。色谱实验中的色谱峰在理论上应该符合正态分布，高斯曲线是正态分布中的一条标准曲线。可以依据色谱峰的保留时间进行定性分析，依据色谱峰的峰面积或峰高进行定量分析，也可以根据色谱峰的保留值和峰宽评价色谱柱的分离能力。

基线，是指在一定色谱条件下，仅有流动相通过检测时系统所产生的信号曲线。实验条件稳定时，基线是一条平行于横轴的线，但实际实验中，基线通常有一定微小波动。基线反映了仪器噪声随时间的变化，主要是检测信号的波动情况。

峰高（peak height，h），指组分在色谱柱上出现响应最高时，由基线到色谱峰顶点之间的距离。以 h 表示，如图 2-14 的 AB 线。

半峰宽（$W_{1/2}$），指峰高一半处色谱峰两侧之间的距离，$W_{1/2} = 2.355\sigma$。

峰宽（peak width，W），指通过色谱峰两侧的拐点作切线，在基线上所截取的距离，$W = 4\sigma$，或 $W = 1.699\ W_{1/2}$。

峰面积（peak area，A），指色谱曲线上从出峰顶到峰的基线所包围的面积。

区域宽度，指色谱峰的区域宽度，与分离效率有关。标准偏差 σ、峰宽 W、半峰宽

$W_{1/2}$ 均可以描述色谱峰宽。

标准偏差（σ），σ 为正态分布曲线上两拐点间距离之半，σ 值的大小表示组分离开色谱柱的分散程度。σ 值越大，流出的组分越分散，分离效果越差；反之，流出组分集中，分离效果好。

不对称因子（dissymmetry factor）是用于评价峰形不对称性的一个参数。从色谱峰的顶点作一条曲线与基线垂直，再于峰高 10%处做一条与基线平行的直线，与峰两边的交点和垂线的交点将这条直线分成两条线段，A 表示左线段的长度，B 表示右线段的长度，不对称因子用 As 表示，则计算公式为 $As=B/A$。如图 2-15 所示，当 $A=B$ 时，$As=1$，此时色谱峰被认为是对称峰。当 $A>B$ 时，$As<1$，此时色谱峰有拖尾趋势的；当 $A<B$ 时，$As>1$，此时色谱峰有前延趋势的。

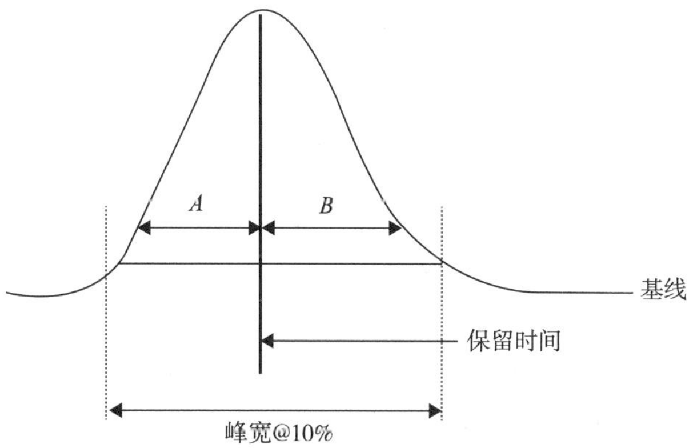

图 2-15　高斯曲线图

保留时间（Retention Time，t_R），指进样从开始到其中某组分在色谱柱上出现响应最高值（浓度最大）时的时间间隔，可作为色谱峰位置的标志。

分离度（resolution，R），或分辨率，指相邻两色谱峰保留时间之差，或两色谱峰峰宽均值之比。

$$R=\frac{t_{R2}-t_{R1}}{(W_1+W_2)/2}=\frac{2(t_{R2}-t_{R1})}{(W_1+W_2)}$$

假设 2 个相邻峰的峰宽 $W_1 \approx W_2=4\sigma$，当 $R=1.5$ 时，约有 99.7%的峰面积（$t_R \pm 3\sigma$）被分离开。

分配系数是指在一定温度和压力下，样品组分在固定相和流动相之间的分配达到平衡时，其在固定相和流动相中的浓度之比。

灵敏度（Sensitivity，S），指单位量的物质通过检测器时所产生信号的大小，亦称检测器对该物质的响应值。

噪音（Noise，N），是指无给定样品通过检测器而由仪器本身和工作条件所造成的基线起伏信号，单位常以 mV 来表示。

漂移（Drift，Rd），是指在单位时间内，无给定样品通过检测器而由仪器本身和工作条件所造成的单方向偏离原点之值，常以 mV/h 来表示；如图 2-15 所示的基线漂移为 0.1

mV/h。

检测限（Detectability，D；或者 Limit of Detection，LDN），又称敏感度，通常认为产生的色谱峰高于3倍噪音时的响应为检测器。计算式为：

$$D = 3N_n/S$$

式中：N 指基线噪音（mV），S 为检测器灵敏度（单位浓度或质量的信号响应值）。如果已知信噪比（S/N），可直接计算：

$$\mathrm{LOD} = \frac{C}{S/N}。$$

式中：C 为已知维度，S/N 为实测信噪比。

最小检出量（Minimum Detectable Quantity，Q_{min}），又称最小检测量（Minimum Detectable Amount，MDA），是分析仪器测定待测物时所能测到的最小含量，即检测器能产生可识别信号（通常 S/N≥3）时，进入色谱柱的待测物质的绝对质量或体积。计算式为：

$$Q_{min} = 1.065W_{1/2} \times D$$

式中：W1/2 为色谱峰的半峰宽（用时间 s 或者距离 mm 表示），D 为检测限，通常关注浓度（用 mg/L 或者 mg/g 表示）；最小检出量 Q_{min} 关注绝对量（如 ng，需结合进样量或样品前处理过程）。

最小检出浓度（Minimum detectable concentration，C_{min}），又称最小检测浓度，为最小检出量与进样量（体积或质量）的比值，其计算式为：

$$C_{min} = Q_{min}/Q$$

式中：Q 为进样量，Q_{min} 为最小检出量。

检测器的线性范围（Liner range of detector），指响应信号与被测物质浓度之间的关系成线性的范围，以呈线性响应的样品浓度上下限之比值来表示。

质荷比（Mass charge ratio），指离子的质量与它所带电荷的比值，简写为 m/z。

离子丰度（Abundance of ions），指检测器检测到的离子信号强度。

离子相对丰度（Relative abundance of ions），指以质谱图中指定质荷比范围内最强峰为100%，其他离子峰对其归一化所得的强度。

基峰（Base peak），是指在质谱图中，指定质荷比范围内强度最大的离子峰。基峰的相对丰度为100%。

总离子流图（Total Ions Chromatogram，TIC），指在选定的质量范围内，所有离子强度的总和对时间或扫描次数所作的图。

提取离子色谱图（Extracted Ion Chromatogram，EIC），指全扫描质谱中提取的某个特定质荷比的色谱图。

质量色谱图（Mass Chromatograph）：指定某一质荷比的离子强度对时间或扫描号所作的图，也是我们通常所说的质谱图。

全扫描（scan），是对指定质量范围内的离子全部扫描并记录，得到的是常规质谱图，可提供未知物的分子量和结构信息，得以进行库检索。用全扫描质谱图进行质谱测定时，在标准品参考图谱中，所有相对丰度>10%（分子离子、分子离子的特征加成物、特征碎片离子、同位素离子等）的特征离子都检测到。

选择离子监测（Selection Ions Monitoring，SIM）：只针对选定的离子进行检测，而其他离子不被记录。用碎片离子色谱图进行质谱测定时，分子离子最好是一个选择的检测离子。选择的检测离子并不一定要源于分子的同一部分，每个检测离子的信噪比应≥3∶1。

三、色谱法的基本原理

色谱过程是试样组分中的分子在固定相（s）和流动相（m）之间多次分配的过程。由于各组分分子在气相或液相和固定相之间的分配系数不同，当汽化后的试样被载气带入色谱柱中运行时，组分就在其中的两相间进行反复多次分配。

色谱法是一种物理的分离方法，利用被测物质各组分在不同两相间分配系数（溶解度）的微小差异，当两相作相对运动时，这些物质在两相间进行反复分配，致原来只有微小的性质差异产生很大的分离效果，从而使不同组分得到分离。

由于固定相对各组分的吸附或溶解能力不同，因此各组分在色谱柱中的运行速度就不同，经过一定的柱长后彼此分离，按顺序离开色谱柱进入检测器，产生的离子流信号经放大后，在记录器上描绘出各组分的色谱峰。

色谱仪的组成部分包括：

①载气系统：气相色谱包括气源、气体净化、气体流速或压力控制和测量；液相色谱包括流动相、泵、液体流速或压力控制器等。

②进样系统：气相色谱包括进样器、汽化室（将液体样品瞬间汽化为蒸汽）。气体样品进样，用注射器进样，或用气体定量管儿何六通阀进样。液体样品用微量注射器进样。固体样品溶解后用微量注射器进样，或用顶空法进样。

液相色谱包括进样器、混合器（将液体样品在六通阀中和液体流动相混合均匀），一般为注射器或六通阀直接进样。

③色谱柱和柱温：包括恒温控制装置（将多组分样品分离开）。根据目标物极性不同，可选用不同极性固定相和不同长度、不同内径的色谱柱。

④检测系统：包括检测器、控温装置等。

⑤记录系统：包括放大器、记录仪、数据处理装置、数据处理软件和工作站。

四、色谱法分类

色谱法可以根据不同的标准进行分类，常见的分类方式包括如下几大类。

1. 按固定相的物理状态分类

（1）气相色谱（Gas Chromatography，GC）：是指流动相为气体、固定相为固体或涂有固定液的固体的色谱方法。GC 是色谱法中一种以惰性气体（N_2、He、Ar、H_2 等）为流动相的柱色谱分离技术，广泛应用于化学分析领域。

气相色谱的流动相为惰性气体，气-固色谱法中，采用表面积大且具有一定活性的吸附剂作为固定相。当多组分的混合样品进入色谱柱后，由于吸附剂对每个组分的吸附力不同，各组分在色谱柱中的运行速度不同，吸附力弱的组分被先解吸出，离开色谱柱进入检测器，吸附力强的组分不容易被解吸下来，后离开色谱柱，各组分在色谱柱中分离而顺序进入检测器中被检测、记录下来。

（2）液相色谱（Liquid Chromatography，LC）：是指流动相为液体、固定相为液体或固体的色谱方法。液相色谱中流动相按组成来分，有单组分和多组分；按极性分则有极性、弱极性和非极性，图 2-16 为常用溶剂的极性；按使用方式分有等度洗脱和梯度洗脱。常用的流动相为色谱纯的甲醇、乙腈、乙醇、丙酮、异丙醇和高纯的去离子水。常用溶剂极性如图 2-16 所示。

液相色谱又可以分为如下几类。

①正相分配色谱（normal phase），又称正相色谱，是指流动相极性小于固定相极性的分配色谱法。常用的分析柱有氨基柱、氰基柱、硅胶柱，常用流动相为极性小的有机溶剂。

②反相分配色谱（reversed phase），又称反相色谱，是指流动相极性大于固定相极性的分配色谱法。常用的分析柱有 C2、C8、ODS（C18）柱，常用流动相为甲醇-水或乙腈-水。

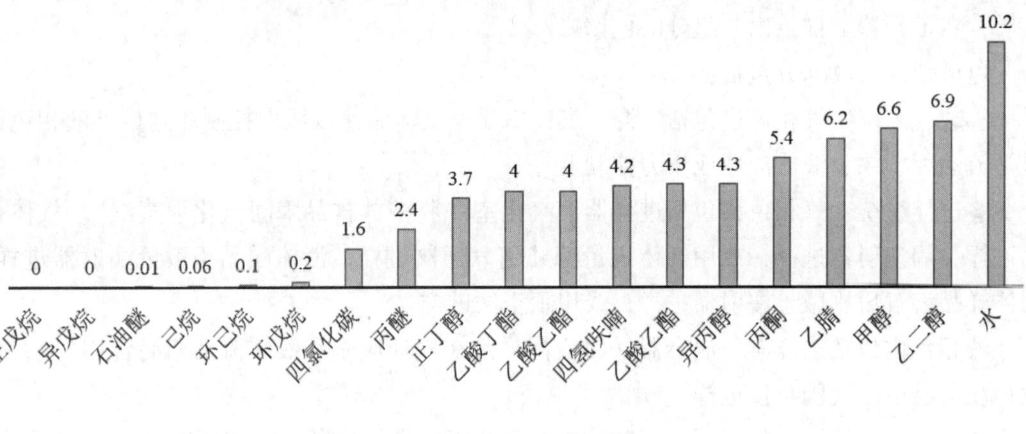

图 2-16　常用溶剂极性

③空间排阻色谱（steric exclusion），又称凝胶色谱，是依据被分离组分分子尺寸与凝胶孔径大小之间的相对关系而分离的，类似于分子筛的作用。在一定分子团尺寸内，分子越大，保留时间越短。凝胶渗透是以有机溶剂为流动相，凝胶过滤是以水溶液为流动相。对于相同化学组成的高分子化合物，其分子尺寸大小与分子量成正比，因此凝胶色谱可以研究高分子化合物的分子量分布。

④超临界流体色谱（Supercritical Fluid Chromatography，SFC），是以超临界流体作为流动相的一种色谱方法。超临界流体（supercritical fluid）是指温度、压力高于其临界状态的流体，温度与压力都在临界点之上的物质状态。超临界流体是指非气体也非液体的一些物质，物理性质介于气体和液体之间。物质在超临界温度下，其气相和液相具有相同的密度，当处于临界温度以上，不管施加多大压力气体也不会液化；在临界温度和临界压力以上，物质以超临界流体状态存在。在超临界状态下，流体的密度随温度、压力的变化而变化，此时物质保持流体状态。超临界流体的扩散系数和黏度接近气态，溶质的传质阻力小，可实现快速高效分离；同时，超临界流体下的物质密度接近液态，适于在较低温度下

分离和分析热不稳定性的相对分子质量大的物质，此外，超临界流体的物理性质和化学性质如扩散系数、黏度和溶剂力等是密度的函数，改变流体的密度即可改变流体的性质，从类似气体到类似液体，无需通过气液平衡曲线。

2. 按固定相的形式分类

色谱法按固定相形式可分为柱色谱和平面色谱。柱色谱有填充柱色谱、毛细管柱色谱、微填充柱色谱和制备色谱；平面色谱有纸色谱、薄层色谱和高分子膜色谱。

3. 按分离机制分类

色谱法按分离机制可分为吸附色谱、分配色谱、手性色谱、空间排阻色谱、离子交换色谱、亲和色谱、毛细管电泳和尺寸排除色谱。

吸附色谱根据不同组分在吸附剂上的吸附和解吸能力的大小不同而分离化合物，是基于吸附作用的分离方式，如 GC 和某些类型的 LC。吸附过程是试样中组分的分子与流动相分子争夺吸附剂表面活性中心的过程，即竞争吸附过程。

分配色谱是基于不同组分在两种不相溶的溶剂之间的分配系数差异，或不同组分在固定液中溶解度的大小而分离，如高效液相色谱（High-Performance Liquid Chromatography, HPLC）中的反相色谱（Reverse Phase，RP）

手性色谱用于手性药物的分离分析，可分为手性衍生化试剂法、手性流动相添加剂法和手性固定相拆分法。

空间排阻色谱，是依据分子体积大小不同进行分离的方法。

离子交换色谱，基于离子与固定相之间的电荷相互作用，或不同组分对离子交换树脂的亲和力不同进行分离，如离子色谱（Ion Chromatography，IC）。

亲和色谱，是利用生物大分子之间存在的专一特殊的亲和力而进行分离的色谱。

毛细管电泳依据各组分淌度和（或）分配行为的差异进行分离。

尺寸排除色谱（size-exclusion chromatography，SEC），又称凝胶渗透色谱法（Gel Permeation Chromatography，GPC），空间排除色谱法，分子排除色谱法或分子筛色谱法，是液相色谱法的一种分离技术。基于分子尺寸的大小，大分子不能进入固定相的孔隙，小分子可以进入而分离，如凝胶渗透色谱或凝胶色谱（Gel Chromatography，GC）。

4. 按操作压力分类

常压色谱，是可以在大气压下进样的色谱，如轨道阱质谱和质子转移质谱。

高压色谱，使用真空泵或高压泵推动流动相，如 GC 和 HPLC。

5. 按分离维度分类

色谱按分离维度分，有一维色谱（1 Dimension，1D）和二维色谱（2 Dimension，2D）。

一维色谱，是指传统采用一根色谱柱连接进样口和检测器的连接模式。

二维色谱在传统的一根色谱柱基础上，以串联方式连接另一根不同极性色谱柱。二维色谱最早用于纸色谱和薄层色谱，使用不同溶剂进行两个维度的展开，二维色谱能够显著提高峰容量以适应复杂样品的分离分析。按流动相分，有二维气相色谱（2D-GC，或 GC×GC）和二维液相色谱（2D-LC，或 LC×LC）。

二维色谱的主要原理，是将极性不同、分离机理不同、相互独立的两根色谱柱以串联方式，通过中间一个调制器（Modulator）进行连接。经第一根柱子分离后的组分，在调制器内进行浓缩聚集后，以固定周期脉冲形式释放到第二根柱子中，进行二次分离，再进入检测器中。这种分离模式下，第一维没有完全分开的组分（共馏出物），在第二维进行进一步分离，达到了正交分离的效果。由于一维柱和二维柱的分离机制不同，从而使得第一维色谱柱上共流出的化合物在第二维色谱上可以实现更完全的分离，从而提高色谱分辨率和峰容量。同时，由于全二维的浓缩功能，在同样检测器的情况下，可以降低化合物的检出限，检测出更低含量的目标化合物。

二维气相色谱（2D-GC，或 GC×GC）是第一维色谱（1D-GC）的扩展，在正交的 GC×GC 系统中，峰容量为其组成的两根柱子各自峰容量的乘积，分辨率为两根柱子各自分辨率平方加和的平方根。在正交配置的二维色谱系统中，总分辨率 R_{total} 计算公式如下：

$$R_{\text{total}}=\sqrt{R_1^2+R_2^2}$$

式中：R_1、R_2 分别为两维色谱柱的分辨率。

经第一根色谱柱分离后，馏分在调制器聚焦，再以脉冲形式进入第二根色谱柱，这个时间段流出的峰被浓缩了约等于二维保留时间的倍数，通常二维保留时间为 3~6 秒，即放大 3~6 倍，信号强度也因此比调制前放大了约 10~20 倍，灵敏度则放大了约 10~50 倍。

二维液相色谱是传统液相色谱（包括一维等度和梯度洗脱的液相色谱）的重要补充，可提高传统一维液相色谱（1D-LC）的分离能力。传统分离是在第一维（D1）色谱柱上进行，一般采用等度或梯度洗脱分离。2D-LC 可按照不同方式分为离线和在线、中心切割和二维模式等。

二维液相色谱同二维气相色谱分离原理类似，是在第一个维度中获得的组分分离转移到第二个色谱柱进行第二次分离。理想情况下，所有未解析的分析物都在二维被进一步分离。为成功实现完全分离，耦合的两个分离维度是通过对化合物提供不同的选择性来相互补充。在 2D-LC 中，二维系统可离线或在线耦合。在离线模式下，第一维度分离的组分被收集并储存在小瓶中，后续再次注入到第二维度。同一台仪器可以通过改变固定相和/或流动相来实现这两个维度。在线模式下，可以实时连续进行样品的收集、转运、再回注。将不同模式的液相色谱（RPLC、NPLC、HILIC、IEC、SEC、SFC）进行组合，可获得高正交性，使二维分离空间得到充分利用，此时 1D 色谱柱上不能完全分离的色谱峰可在 2D 色谱柱上实现分离。

五、色谱法常用检测器

1. 气相色谱常用检测器

常用的气相色谱检测器有如下几种。

（1）热导检测器（Thermal Conductivity Detector，TCD）

TCD 又称热导池或热丝检热器，是气相色谱法最常用、最早出现和应用最广的一种浓度型检测器。热导检测器的工作原理是基于不同气体具有不同的热导率，热丝具有电阻随温度变化的特性。

载气中待测组分的浓度越大，测量池中气体热导率改变越显著，温度和电阻值改变也越显著，电压信号就越强，输出的电压信号与样品的浓度成正比。影响热导池灵敏度的因素主要有桥路电流、载气性质、池体温度和热敏元件材料及性质。对于给定的仪器，热敏元件已固定，需要选择的操作条件有载气、桥电流和检测器温度。

TCD 是一种通用的非破坏性、多用型微分检测器，常用于气体混合物的常量、半微量分析，对有机、无机物均有响应。在分析测试中，热导检测器不仅可用于分析有机污染物，还可用于分析一些用其他检测器无法检测的无机气体如氢、氧、氮、一氧化碳、二氧化碳等。

(2) 火焰离子化检测器（Flame Ioization Detector，FID）

FID 又称氢火焰离子化检测器，简称氢焰检测器，主要由火焰喷嘴、滤光片和光电倍增管等三部分所组成。FID 利用有机物在氢气—空气火焰中产生离子化反应而生成许多离子对，在加有一定电压的两极间形成一定强度的离子流，测量离子流的强度即可对该组分进行检测。

FID 是一种用途广泛的质量型检测器，对无机气体（如 N_2、CO_2、O_2）、水、四氯化碳等含氢少或不含氢的物质灵敏度低或不响应，对几乎所有挥发性的有机化合物均有响应，对所有烃类化合物（碳数 C≥3）的相对响应值几乎相等，对含杂原子的烃类有机物中的同系物（碳数 C≥3）的相对响应值也几乎相等，非常适合含碳化合物的定量分析。同时，FID 具有灵敏度高（10^{-13}~10^{-10}g/s）、基流小（10^{-14}~10^{-13}A），线性范围宽（10^6~10^7）、死体积小（≤1 μL）、响应快（1 ms），可以和毛细管柱直接联用，对气体流速、压力和温度变化不敏感等优点，成为应用最广泛的气相色谱检测器之一。

FID 需要用到 N_2、H_2 和空气，N_2 为载气携带试样组分，H_2 为燃气，空气为助燃气。FID 具有结构简单、稳定性好、灵敏度高、响应迅速等特点，比热导检测器灵敏度高出近 3 个数量级，是典型的破坏性、质量型检测器。FID 检测下限可达 5×10^{-10}~ 10^{-12}g/s。

(3) 火焰光度检测器（Flame Photometric Detector，FPD）

FPD 主要由火焰喷嘴、滤光片和光电倍增管等三部分所组成，是一种对含硫、磷化合物具有高选择性、高灵敏度的质量型检测器。

当含硫有机物进入火焰，形成激发态的 S^*2 分子，此分子回到基态时发射出特征的蓝紫色光，最大强度对应的波长为 394 nm；当含磷有机物进入火焰，形成激发态的 HPO^* 分子，它回到基态时发射出特征的绿色光（波长为 480~560 nm，最大强度对应的波长为 526 nm），这两种特征光的光强度与被测组分的含量均成正比。特征光经滤光片滤光，再由光电倍增管进行光电转换后，产生相应的光电流。光电倍增管将光信号转换成电信号，经微电流放大器放大后由记录系统记录相应的色谱图。

FPD 检测器灵敏度可达几十到几百库仑/克，检出限可达 10^{-12}g/s（对 P）或 10^{-11}g/s（对 S），对有机磷、有机硫的响应值与碳氢化合物的响应值之比可达 10^4，可排除溶剂峰及烃类的干扰，有利于痕量磷、硫的分析。FPD 检测器是检测有机磷农药和含硫污染物的主要工具，非常适用于有机磷、硫化物的微量分析，如有机磷农药、水质污染中的硫醇、天然气中含硫化物的气体等。

(4) 电子捕获检测器（Electron Capture Detector，ECD）

ECD是一种离子化浓度型检测器，具有高灵敏度和高选择性，只对具有电负性的物质如含卤素、硫、磷、氮的物质有信号，物质的电负性越强，电子吸收系数越大，检测器的灵敏度越高，而对电中性（无电负性）的物质如烷烃等则无信号。ECD采用化学转化方法，使其具有强电负性的衍生物而扩大电子捕获检测器使用范围。

ECD是放射性离子化检测器的一种，利用放射性同位素在衰变过程中放射的具有一定能量的β-粒子作为电离源，

用于ECD的电离源，有放射性同位素源和无放射性两大类。以放射源的种类分类，可分为^{63}Ni和^{3}H两种。通常多采用^{63}Ni源，其优点是可使检测器温度在350～400 ℃下工作，从而降低操作过程中的污染问题，提高检测限。放射性同位素在衰变过程中可能产生α、β、γ三种射线，α射线是带正电的高速氦核，β射线是一种带负电的高速电子，γ射线是波长极短的电磁波。β源的电离、贯穿强度均适中，更合适做电离放射源。

ECD主要用于分析测定卤化物、含磷（硫）化合物以及过氧化物、硝基化合物、金属有机物、金属螯合物、甾族化合物、多环芳烃和共轭羟基化合物等电负性物质，还可分析1 ppm的氧气和有机氯农药残留分析。

(5) 氮磷检测器（Nitrogen-Phosphorous Detector，NPD）

NPD又称热离子检测器（Thermionic Detector，TID），是分析有机磷和含氮化合物的高灵敏度、高选择性质量型检测器。

NPD是一种质量检测器，与FID有相似结构，NPD与FID的差异是在喷口与收集极间多一个热电离源（又称铷珠），是一种涂有碱金属盐如不易挥发性碳酸铷和二氧化硅烧结成的1～5 mm^{3}硅酸铷珠，如Na_2SiO_3和Rb_2SiO_3类化合物的陶瓷珠，放置在燃烧的氢火焰和收集极之间一根约0.2 mm直径的铂金丝支架上，当试样蒸气和氢气流通过碱金属盐表面时，含氮、磷的化合物便会从被还原的碱金属蒸气上获得电子，失去电子的碱金属形成盐再沉积到陶瓷珠的表面上。NPD性能主要由铷珠的成分、形态、供电方式、加热电流及负偏压决定。在一般使用条件下，铷珠的寿命一般在2年以上。

NPD响应机理目前被确认能够更好地解释NPD工作原理是气相电离理论，该理论认为，氮、磷化合物先在气相边界层中发生热化学分解，产生出电负性的基团。该电负性基团再与气相的铷原子（Rb）进行化学电离反应，生成Rb+和负离子，负离子在收集极释放出一个电子，并与氢原子反应，同时输出组分信号。通常认为气相电离理论能更好地解释NPD工作原理。NPD使用寿命长、灵敏度极高，可以检测到5×10^{-13} g/s偶氮苯类含氮化合物，2.5×10^{-13} g/s的含磷化合物，如马拉松农药，可用于农药、石油、食品、药物香料及临床医学等多个领域。图2-17为氮磷检测器上铷珠结构与实物图。

图 2-17　氮磷检测器（NPD）上铷珠结构与实物图

(6) 硫化学发光检测器（SCD）

硫化学发光化检测器（Sulfur Luminescence Detector，SCD）是检测硫元素最灵敏、选择性最宽的检测器，SCD 主要由燃烧室、反应室、臭氧发生器以及相关的气路组成。其工作原理是：从柱子洗脱出的含硫化合物跟载气一起进入燃烧室，在 SCD 双等离子体燃烧器内的高温下（>1800℃）燃烧成 SO，然后与臭氧 O_3 发生反应形成激发态 SO_2，激发态 SO_2 衰变至基态，发出特征的蓝色光谱（280～420 nm），光波 hv 通过滤光片后被光电倍增管接收进行检测，从而实现对硫的检测。SCD 对硫的响应是线性响应，其响应值随着硫浓度的增大而线性地增大，是等摩尔响应。不管含硫化合物的结构如何，只要是摩尔值相同的硫化物都产生相同的响应值，适用于定量分析。

SCD 不易受样品基质干扰，广泛应用于各种样品中的硫化物分析，包括石油天然气、石油化工品中的硫化物，食品饮料中的硫化物以及气体中的硫化物等，以及氢气、石油气等气体中含硫化合物如硫化氢、羰基硫、甲硫醇、乙硫醇、二硫化碳、二甲硫醚、噻吩等的检测，灵敏度高，可实现皮克（pg）级检测。

(7) 光离子化检测器（PID）

光离子化检测器（Photo Ionization Detector，PID）是一种非破坏性的质量型检测器，由真空紫外灯和电离室构成。其工作原理是：待测气体吸收紫外灯发射的高于气体分子电离能的光子，被电离成正、负离子，在外加电场的作用下，离子偏移形成微弱电流。被测气体浓度与光离子化电流呈线性关系。

PID 是一种高灵敏度且用途广泛、响应快速的检测器，可在常压下进行操作，不需使用氢气、空气等，设备简单便于携带，可检测从极低浓度的 10 ppb 到较高浓度的 10000 ppm（1%）的挥发性有机化合物（Volatile Organic Compounds，VOC）和其他有毒气体。PID 可用于对有毒有害物质的痕量连续分析。

(8) 催化燃烧检测器（CCD）

催化燃烧检测器（Catalytic Combustion Detector，CCD）其结构是由嵌入催化陶瓷珠中的微小铂丝线圈组成，电流流过铂丝线圈，将陶瓷珠加热到 500°C 左右。黄铜探测器外壳安装在不锈钢隔板配件上，直接固定在气相色谱柱烘箱的壁上。其工作原理为：CCD 使用空气作为载气来维持其保持在氧化环境中，当碳氢化合物分子撞击热珠时，它会在表面燃烧并提高铂丝的温度和电阻，这种电阻变化使检测器输出信号发生变化，产生信号值。

CCD 检测器坚固耐用，灵敏度与 TCD 接近，又具有与 FID 的碳氢化合物选择性，同时能够在空气中操作，不需要像氢气、氦气类压缩气体，可使用空气压缩机提供环境空气作为载气。CCD 还可以在非色谱应用中用作碳氢化合物监测器，其中 CCD 可以感知流动气流中的总碳氢化合物含量，或者用作氢/碳氢化合物泄漏检测器。CCD 还可用于对可燃性气体及化合物的微量分析。

(9) 质谱检测器（MSD）

质谱检测器（Mass Spectrometer Detector，MSD），是气相色谱仪检测器的一种，是一种通用型检测器。其采用高速电子撞击气态分子或原子，将电离后的正离子加速导入质量分析器中，按质荷比的大小顺序进行信息收集和记录。质谱是一种测量带电粒子的质荷比（m/z）的分析技术，因此可用于确定分子量和元素组成，以及阐明分子的化学结构。GC-MS 的数据是三维的，提供的质谱可用于确认身份或识别未知化合物，可生成用于定性和定量分析的色谱图。

2. 气相色谱常用检测器的分类

在色谱系统组成中，检测器是实现分析的关键组件，气相色谱检测器根据被测样品或仪器自身特性，可分为如下类别。

(1) 按被检测样品的响应范围分有通用型检测器和选择型检测器两类。通用型检测器对绝大多数检测物质均有响应，如 TCD 和 PID。选择型检测器只对某一类物质有响应，对其他物质无响应或响应很小，如 FPD 和 SCD。

(2) 按检测器的检测方式不同可以分为浓度型检测器和质量型检测器。

浓度型检测器（concentration detector）测量的是载气中某组分浓度瞬间的变化，检测器的响应值和组分的浓度成正比。在一定浓度范围（线性范围）内，响应值 R（检测信号）大小与流动相中被测组分浓度成正比（$R \propto C$）。当进样量一定时，浓度型检测器瞬间响应值（峰高）与流动相流速无关，而积分响应值（峰面积）与流动相流速成反比，峰面积与流动相流速的乘积为一常数。绝大部分检测器都是浓度型检测器，如热导池检测器（TCD）、电子捕获检测器（ECD）等。凡非破坏性检测器均为浓度型检测器。

质量型检测器（mass detector）测量载气中某组分在单位时间内进入检测器的含量变化，检测器的响应值和单位时间内进入检测器某组分的质量成正比。在一定浓度范围（线性范围）内，响应值 R（检测信号）大小与单位时间内通过检测器的溶质的量（被测溶质质量流速）成正比，即响应值 R 与单位时间内进入检测器中的某组分质量成正比 $R \propto \mathrm{d}m/\mathrm{d}t$。质量型检测器其峰高响应值与流动相流速成正比，而积分响应值（峰面积）与流速无关。常见的有氢火焰离子化检测器（FID）、火焰光度检测器（FPD）、氮磷检测器（NPD）、质谱检测器（MSD）等。

(3) 按样品是否被破坏可以分为破坏性检测器和非破坏性检测器。破坏性检测器指组分在检测过程中分子形式被破坏，如 FID、NPD、FPD。非破坏性检测器是指组分在检测过程中可以保持其分子结构，如 TCD、PID、ECD。

(4) 按信号记录方式不同，可分为微分型检测器和积分型检测器。微分型检测器的响应与流出组分的浓度或质量成正比，绘出的色谱峰是一系列的峰。积分型检测器测量的是各组分积累的总和，响应值与组分的总质量成正比，色谱图为台阶形曲线，阶高代表组分的总量。

3. 液相色谱常用检测器

常用的液相色谱检测器有如下几种。

(1) 紫外可见吸收检测器（Ultraviolet-Visible Detector，UVD）

紫外可见吸收检测器是一种无破坏的浓度型检测器，是 HPLC 中应用最广泛的检测器，紫外可见检测器的工作原理和结构与分光光度计相似，是一个装有流动池的紫外可见光度计。氘灯的结构工作原理是采用氘灯作为光源，发射出紫外-可见区范围的连续波长，并安装一个光栅型单色器，其波长选择范围宽（190~800 nm）；有两个流通池、一个参比池和一个测量池，光源发出的紫外光照射到流通池上，若两流通池都通过纯的均匀溶剂，则在紫外波长下吸收几乎无差别，光电管上接受到的辐射强度相等，无信号输出；当试样组分进入测量池时，组分离子吸收了一定的紫外光，使两光电管接受到的辐射强度不等，光电管上有信号输出，输出信号大小与组分浓度有关。

UVD 灵敏度较高，线性范围宽，噪声低等优点，适用于梯度洗脱，对强吸收物质检测限可达 1ng，检测后不会破坏样品，可用于制备，并可与任何检测器串联使用。

(2) 光电二极管阵列检测器（Photo Diode Array Detector，PDAD）

光电二极管阵列检测器，即光电二级阵列管检测器，又称光电二极管列阵检测器或光电二极管矩阵检测器，表示为 PDA（photo-diode array）、PDAD（Photo-Diode Array Detector）或 DAD（Diode Array Detector），是 20 世纪 80 年代出现的一种光学多通道检测器。其主要结构包括了样品池、单色器、二极管阵列和检测器。其工作原理是在晶体硅上紧密排列一系列光电二极管，每个二极管相当于一个单色器的出口狭缝，一个二极管对应接受光谱上一个纳米谱带宽的单色光，二极管越多，分辨率越高。复色光通过样品池被组分选择性吸收，再进入单色器，照射在二极管阵列装置上，每个纳米波长的光强度转变为相应的电信号强度，电信号被记录，即可获得组分的吸收光谱，从而解析出特定组分的结构信息，有助于未知组分或复杂组分的结构确定。

光信号由二极管阵列扫描采集数据，得到吸收值（A）对保留时间（RT）和波长（L）函数的三维色谱光谱图，可及时分析每一组分的色谱图对应的光谱数据，从而确定具有最佳选择性和灵敏度的波长。

同样方法也可以用在射线的检测中，此外还有多通道快速紫外-可见光检测器（Multichannel Rapid Scanning UV-VIS Detector）、三维检测器（Three Dimensional Detector）等。光电二极管阵列检测器是液相色谱常用检测器，但 DAD 检测器的灵敏度比通常的 UA 检测器低约一个数量级，如用于含量测定或杂质检查时，则采用 UA 检测器更好。

(3) 荧光检测器（Fluorescence Detector，FD）

荧光检测器（fluorescence detector，FD）是一种高灵敏度选择性检测器，可检测能产生荧光的化合物。不发荧光的物质可通过化学衍生化生成荧光衍生物，再进行荧光检测。

FD 常用光源为紫外灯，激发波长通过滤光片或单色器照射到样品，样品发射银荧光时，经由滤光片或单色器分光，然后进入光电池。

FD 方法最小检测浓度可达 0.1 ng/mL，一般情况下荧光检测器的灵敏度比紫外检测器约高 2 个数量级，但线性范围不如紫外检测器宽。近年来，采用激光作为荧光检测器光源产生的激光诱导荧光检测器，极大地增强了荧光检测的信噪比，因而具有很高的灵敏度，在痕量和超痕量分析中得到广泛应用。

(4) 示差折光检测器（Differential Refractive Index Detector，RID）

示差折光检测器是一类通用型检测器，根据不同物质具有不同折射率来进行组分检测。其结构主要由进样器、输液泵、色谱柱和检测器组成，可连接液相色谱或凝胶渗透色谱，也可直接连接进样系统作为单独分析仪器。

RID 是根据折射原理设计，是连续检测样品流路与参比流路间液体折光指数差值的检测器，属偏转式类型。检测器的光路由光源、凸镜、检测池、反射镜、平板玻璃、双光敏电阻等主要部件组成。光源（钨灯）通过聚光镜和夹缝在光栏前成像，并作为检测池的入射光，出射光照在反射镜上，光被反射又入射到检测池上，出射光在经过透射镜照到双光敏电阻上形成夹缝像。双光敏电阻是测量电桥的两个桥臂，当参比池和测量池流过相同的溶剂时，两个检测池的光量相同，此时桥路平衡，输出为零。当测量池流过被测样品时，引起折射率变化使照在双光电阻上的光束发生偏转，双光敏电阻阻值发生变化，此时电桥输出信号，信号强度与样品浓度相关。

该类检测器最常用的溶剂是水，适用于没有紫外吸收的物质，如高分子、糖类、脂肪烷烃等的检测。还适用于流动相紫外吸收本底大、不适用于紫外吸收检测的体系。使用示差折光检测器时，流动相组分应恒定，不适用于梯度洗脱。温度应恒定，同时需要关注周围环境温度对测定的影响。

凡是具有与流动相折射率不同的组分，均可使用 RID。RID 对糖类检测限可达 10^{-8} g/mL，检测灵敏度高，稳定性好。但对多数物质灵敏度低（约 10^{-5} g/mL），通常不用于痕量分析。同时，该方法受环境温度、流动相组成等波动的影响较大，不适于进行梯度洗脱。

(5) 电化学检测器（Electro-Chemical Detector，ECD）

电化学检测器是利用电化学原理和物质的电化学性质，基于待测物的电化学性质，将待测物的化学量转变成电学量进行检测的一种仪器。ECD 只对具有电活性的物质或衍生化后具有电活性的非电活性物质产生电信号，属于选择型检测器。

ECD 通过与被测气体发生反应，并产生与气体浓度成正比的电信号而被记录。ECD 的工作原理是目标气体分子先通过一个防尘防冷凝隔膜，随后通过毛细管扩散、过滤器和疏水膜后，到达感测电极表面，在电极上目标物分子被氧化或还原，从而产生或消耗电子产生电流。这种方法进入传感器的气体分子的量受到通过毛细管扩散的限制。通过优化路径，根据期望的测量范围，获得适当的电信号。

ECD 灵敏度高，最小检测量可达 pg 级，同时线性范围可达到 4~5 个数量级。可用于不同类型的具有电化学活性有机离子和无机离子的痕量分析，不受非电活性物质的干扰。

电化学检测器 ECD 还可分为安培检测器、库仑检测器、电导检测器和极谱检测器。其中，安培检测器和库仑检测器的应用较广泛。

(6) 化学发光检测器（Chemiluminescence Detector，CD）

化学发光检测器原理是基于某些物质在常温下进行化学反应，生成处于激发态势反应中间体或反应产物，当它们从激发态返回基态时，发射出光子。由于物质激发态的能量是来自化学反应，故称做化学发光。当分离组分从色谱柱洗脱出来后，立即与适当的化学发光试剂混合，发生化学反应使发光物质产生辐射，其光强度与该物质的浓度成正比。

不需要光源和光学系统，只需要恒流泵将化学发光试剂以一定流速泵入混合器中，使之与柱流出物迅速而又均匀地混合产生化学发光，通过光电倍增管将光信号变成电信号，即可进行检测。

CD 利用分子发射原理检测的方法，不仅适用于 HPLC，也可与气相色谱联用。CD 方法最小检出量可达 10^{-12}g，灵敏度高；仅对待测物质有响应，不受其他物质的干扰，选择性好；操作简单，分析时间较短，样品可直接分析，不需要前处理；设备简单，成本低，不需要光源和光学系统。

(7) 蒸发光散射检测器（Evaporative Light—Scattering Detector，ELSD）

蒸发光散射检测器是通用型质量检测器，其检测原理是用惰性气体或净化空气将色谱柱流出物雾化，在一个加热管（漂移管）中将流动相挥发，测定蒸发后的样品颗粒产生的光散射。商品化 ELSD 由一种或两种模式完成这三个过程，可将全部柱流出物（或气溶胶）都流入直的漂移管中，使流动相蒸发；也可将气溶胶通过一个弯管，在弯管中大的颗粒沉积下来流入废气管，小的颗粒进入螺旋状的漂移管；随后样品颗粒进入光管，使激光发生散射得以检测。ELSD 的响应信号不依赖于样品的光学特性，任何挥发性低于流动相的样品均能被检测，不受其官能团的影响。

ELSD 方法适用于检测挥发性低于流动相的组分，流动相必须是挥发性的，不能含有缓冲盐，常用于检测糖类、高级脂肪酸、磷脂、维生素、氨基酸、甘油三酯及甾体等，可在没有标准品和化合物结构参数未知的情况下进行未知化合物检测。ELSD 方法对各物质有几乎相同的响应，对有紫外吸收的组分灵敏度比较低，灵敏度比示差折光检测器高，对温度变化不敏感，基线稳定，适合与梯度洗脱液相色谱联用。

(8) 电晕放电检测器（Charged Aerosol Detection，CAD）

电晕放电检测器又称电雾式检测器，是利用喷雾器和电晕放电进行检测的一种新型通用检测器。

CAD 检测器灵敏度高，最小检测量可达 ng 级；响应因子不依赖于化合物结构，重现性好；可用于定量或半定量分析，定量分析检测范围可达 3~4 个数量级；适用于小分子和大分子化合物如葡萄糖、蔗糖、乳糖、氨基酸、蛋白、聚合物等除易挥发物质外的大部分非挥发性和半挥发性的化合物的分析；兼容超高效液相色谱（UHPLC）快速分析。

CAD 由于需要对流动相进行雾化，所以当需要使用酸或盐来调节流动相时要使用挥发性的酸和盐，如甲酸、乙酸等，有机盐建议使用铵盐；pH 值建议范围在 2~7.5，更高的 pH 值可能会增加背景和噪音值。

(9) 质谱检测器（Mass Spectrometry，MS）

HPLC 与质谱检测器联用（LC-MS），集合了 HPLC 的高分离能力和 MS 的高选择性和灵敏度，约有 85%的有机化合物都可用 LC-MS 进行检测，适用于大分子、不易挥发、热不稳定、不易气化的化合物分析。

4. 液相色谱常用检测器分类

HPLC 检测器按用途可分为通用型和选择型两种，其中通用型检测器包括蒸发光散射检测器、示差折光检测器、质谱检测器等；选择型检测器包括紫外吸收检测器、荧光检测器、化学发光检测器等。

按检测性质分，可以分为浓度型和质量型两种，其中浓度型检测器包括紫外吸收检测器、荧光检测器、示差折光检测器等；质量型检测器包括库仑检测器、氢火焰检测器等。

第十五节　质谱法

一、基本定义

质谱法（Mass Spectrometry，MS），指利用电场和磁场将运动的离子（带电荷的原子、分子或分子碎片）按质荷比（mass to charge ratio，m/z）进行检测的方法，测出的离子准确质量可确定离子的化合物组成。其中 m/z 是质子数/电荷数的比值，不同 m/z 值的离子在一定的加速电压 V 和一定磁场强度 E 下，所形成的一个弧形轨迹的半径 r 与 m/z 成正比。质谱是分子离子、碎片离子的质量与其相对强度的谱，质谱的谱图与分子结构有关。

二、质谱法的基本理论

质谱法是一种分析技术，通过将样品分子在高真空环境下电离成带电的离子，然后利用电场和磁场将这些离子按质荷比（m/z）分离，并最终通过检测器记录下各种离子的丰度，从而生成质谱图。质谱图提供了关于分子质量、结构、同位素组成等重要信息。

质谱法是一种与光谱并列的谱学方法，是通过制备、分离、检测气相离子来鉴定化合物的一种专门技术和方法。质谱法可在一次分析检测中提供丰富的分子质量和结构信息。在众多的分析测试方法中，质谱学方法被认为是一种同时具备高特异性和高灵敏度且得到了广泛应用的普适性方法，是将分离技术与检测技术相结合的分离科学方法中的一项突破性进展。

质谱仪器一般由样品导入系统、离子源、质量分析器、检测器、数据处理系统等部分组成。质量分析仪是指质谱中将离子源的离子化室中产生的不同质荷比（m/z）的离子分开的核心组件，不同的质量分析器构成了不同种类的质谱仪。

1. 质谱法的主要内容

质谱法包括电离、加速、偏转、分离、检测与记录和质谱图分析部分。

质谱是一种测量带电粒子的质荷比（m/z）的分析技术，因此可用于确定分子量和元素组成，并推导分子的化学结构。GC-MS 的数据是三维的，提供的质谱可用于确认身份或识别未知化合物，可用于定性和定量分析的色谱图。质谱法中常用术语和定义如下。

电离：样品分子在高真空的离子源中失去电子，形成带正电的分子离子或通过化学键断裂生成各种碎片离子。

加速：生成的离子在加速电场的作用下获得动能，加速电压和电荷数的不同将影响离子的动能。

偏转：带电粒子进入磁场后，根据洛伦兹力的原理，离子会因磁场而偏转。偏转程度与离子的质量和电荷数有关，质量越大，偏转越少；电荷数越多，偏转越大。

分离：不同 m/z 的离子因偏转半径不同而在空间上分离，从而可以被分别检测。

检测与记录：分离后的离子被检测器捕获并转换为电信号，通过计算机系统记录并生成质谱图。

质谱图分析：质谱图上的峰代表不同 m/z 的离子，分子离子峰提供了分子的分子量，而碎片离子峰则可用于分子结构的解析。

最常见的单位质量检测仪器是四极杆质谱（Quadrupole Mass Spectrometer，QMS），名称源于其四级杆质量选择器（Quadrupole Mass Analyzer，QMA）。QMS 是一种扫描仪器，只允许一定 m/z 的离子以稳定轨迹通过四极杆，到达离子检测器。四极杆仪器有全扫描和选择定离子监测两种模式。全扫描模式（scan mode），指在一定质量范围内获取所有的离子，可用于识别未知物、方法开发和高浓度分析物的定性和定量分析。选择离子扫描（selected ion mode，SIM）模式，只获取选定的目标化合物特定代表性离子，因此灵敏度更高，适用于痕量分析，但只针对目标物。多个四级杆的串联使用，可以实现多重质谱分析（Tendem Mass Spectrometry，Tendem MS），从而获得待测物的结构信息。

离子阱质谱（Ion Trap Mass Spectrometer）是一种三维扫描仪器。离子阱（ion trap）由一对环形电极（ring electrod）和两个呈双曲面形的端盖电极（end cap electrode）组成，利用电荷与电磁场间的交互作用力来牵制带电粒子的运动，以达到将其局限在选定小范围质量段的目的。进样后，分子离子在被加射频电压或再加直流电压的环形电极上逐渐增大射频电压，离子进入不稳定区，由端盖极上的小孔排出。当射频电压的最高值逐渐增高时，质荷比从小到大的离子依次被抛出，到达离子检测器被记录获得质谱图。

飞行时间（time of flight，ToF）是离子沿飞行管到达离子检测器所需的时间。在相同的动能下，质量较低的离子具有较高的速度，因此首先到达，而质量较高的离子具有较低的速度，较晚到达。飞行时间质谱（Time of Flight Mass Spectrometry，ToF-MS）仪器在质量分辨率和采集速率方面有不同的范围，快速分析的 ToF-MS 采集速率可达 1000 谱/秒，峰宽低至 30 毫秒，高采集速率有利于二维气相色谱（GC×GC）的应用。HRMS ToF-MS 的采集速率则较低，但对确定分子式非常有用。

四级杆质谱仪每次只允许单一荷质比的离子通过，在扫描较大质量区间时，四级杆质谱仪所需的时间要远远大于 ToF-MS、轨道离子阱质谱（Orbitrap MS）、线性离子阱（Linear Ion Trap）等使用脉冲采样方式的质谱仪。

2. 质谱仪基本结构

质谱仪是测定气相离子质荷比及其丰度的仪器，基本结构包括进样系统、电离源、质量分析器和检测系统。

进样系统：将样品引入质谱仪。

电离系统：产生带电离子，常见的电离技术包括电子轰击（EI）、化学电离（CI）、电喷雾电离（ESI）等。

质量分析器：根据离子的 m/z 比进行分离，常见的质量分析器类型有单聚焦、双聚焦、四极杆、飞行时间（TOF）和离子阱等。

检测系统：记录离子信号并转换成数字信号。

3. 质谱谱图

质谱谱图可看作为离子的指纹图谱，色谱图上各数据点显示的是所有离子及碎片的 m/z 和其响应强度。如果使用相同的电离技术和电压获得，则可与使用相同技术、相同电压获得的质谱库进行比较。最常见的气相色谱-四极杆质谱商业谱库是在 70 eV 下产生的电离质谱，对应最大的商业数据库为 NIST 谱库。NIST 质谱数据库是美国国家科学技术研究院（National Institute of Standards and Technology，NIST）建立的大型商用质谱数据库，用于定性识别化合物。NIST 谱库在持续更新，如 NIST17 谱库是于 2017 年更新的版本，主谱库含有 26 万多张质谱谱图；还有含有 340 个农药的标准谱图的标准药物库；此外，还有药物库，含有四千多个化合物的标准质谱谱图，包含多种药物、农药、环境污染物及其代谢产物和它们的衍生化产物的标准质谱谱图。谱库检索是未知物定性分析最常用的辅助手段之一，可用于在线检索比对物质的质谱图，以及气相色谱方法参考文献等数据。

质谱还可以通过离子的质量、同位素的存在以及碎片离子之间的损耗来确定分子式和分子结构。质谱法广泛应用于有机化学、生物化学、医药、环境科学、食品安全、法医学等领域，用于化合物的定性分析、定量分析和结构鉴定。

三、质谱法分析

质谱技术是一种鉴定技术，在有机分子鉴定方面有重要的作用，可以快速且准确地测定有机物的分子量，解决了测定 DNA 和蛋白质等生物大分子的结构问题。质谱是分子离子及碎片离子的质量与其相对强度的谱，是唯一可以给出分子量、确定分子式的谱学方法，谱图与分子结构有关。

质谱分析是一种测量离子质荷比（m/z）的分析方法，基本原理是使试样中组分在离子源中发生电离，生成不同质荷比的带电荷离子，经加速电场作用形成离子束，进入质量分析器。在质量分析器中，再利用电场和磁场使发生相反的速度色散，将它们分别聚焦而得到质谱图，从而确定其质量。第一台质谱仪是英国科学家弗朗西斯·阿斯顿（Francis William Aston）于 1919 年制成的，阿斯顿用这台装置发现了多种元素同位素，研究了 53 个非放射性元素，发现了天然存在的 287 种核素中的 212 种，第一次证明原子质量亏损，1922 年被授予诺贝尔化学奖。

为保护离子源灯丝、高压放电和避免额外的离子-分子反应改变分子离子的裂解模式，质谱仪的离子源和质量分析器需要保持真空状态，压力通常在 $10^{-4} \sim 10^{-5}$Pa 和 $10^{-5} \sim 10^{-6}$Pa。在离子源中，被分析物质被电离，生成带电荷的离子和中性分子以及一些碎片离子，如下公式所示：

$$M+e \xrightarrow{50\sim70\ ev} M^{+}+2e$$

$$M^{-}\ (<1\%)$$

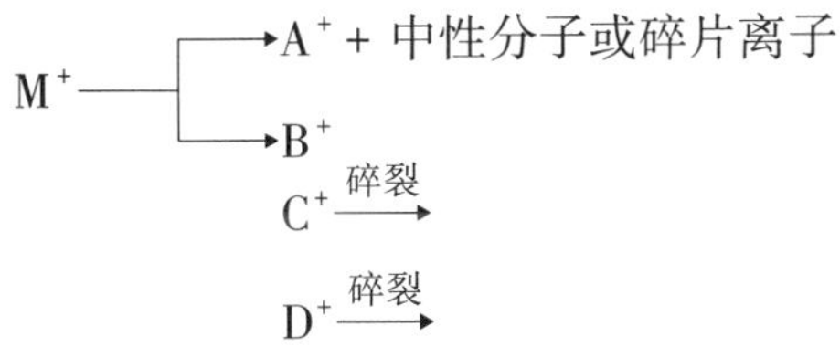

质谱测量的结果通常用谱图展示，总离子流图（Total Ion Chromatograph，TIC）、提取离子色谱图（Extractcd Ion Chromatogram，EIC）和质谱图（Mass Spectrum）是色谱-质谱分析中最常见的三种谱图。

分析物在谱图中有三个要素，即质荷比（m/z）、保留时间（RT）和响应强度。完整描述色谱-质谱结果需要一个三维坐标，但通常电脑二维平面上展示的谱图是经过一些数据和信号转换后的二维谱图，横坐标是各物质的保留时间（RT），纵坐标为物质的含量信号，一般为强度、响应强度或者相对响应强度。

总离子流图（Total Ion Chromatograph，TIC），将该保留时间下的所有化合物或离子的 m/z 强度进行累加的谱图，真实样品的一维、二维气相色谱的总离子流图（TIC）、提取离子图（EIC）和质谱图如图 2-18～图 2-21 所示。

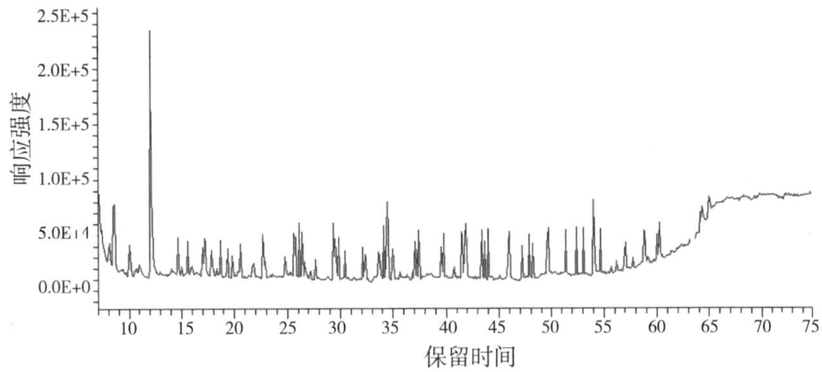

图 2-18　气相色谱-质谱 TIC 图

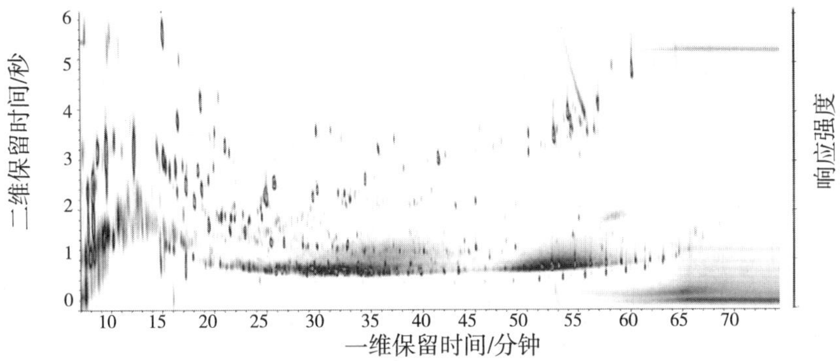

图 2-19　二维气相色谱-质谱的 TIC 图

提取离子色谱图（EIC）指特定质荷比下的色谱图，即 m/z 固定，横坐标为该 m/z 下的保留时间，纵坐标为该 m/z 的强度。

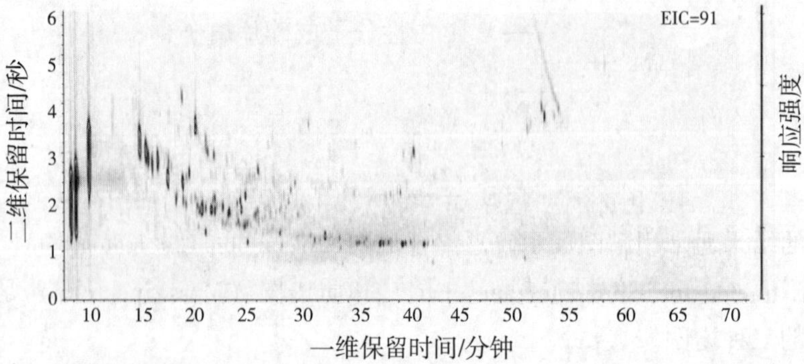

图 2-20　二维气相色谱-质谱的 EIC 图（提取 m/z=91）

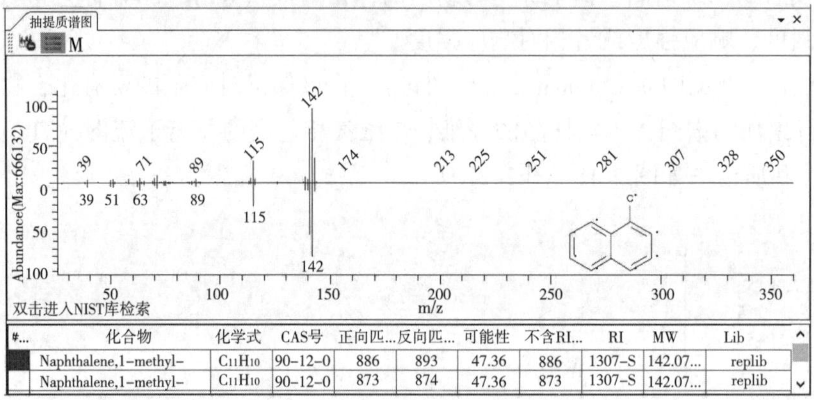

图 2-21　气相色谱-质谱图（萘 NIST 库匹配图）

四、常见质谱类型

1. 按分离对象和进样分离技术分类

按分离对象和进样分离技术分类，质谱又分有机质谱、无机质谱和同位素质谱。

有机质谱有气相色谱-质谱（GC-MS）、液相色谱-质谱（LC-MS）、毛细管电泳-质谱（CE-MS）和基质辅助激光解吸飞行时间质谱仪（MALDI-TOFMS）、傅里叶变换质谱仪（FT-MS）、质子转移-飞行时间质谱（PTR-TOF）。

无机质谱有火花源双聚焦质谱仪（SSMS）、感应耦合等离子体质谱仪（ICP-MS）、二次离子质谱仪（SIMS）等。

同位素质谱包括进行轻元素（H、C、S）同位素分析的小型低分辨率同位素质谱仪和进行重元素（U、Pu、Pb）同位素分析的具有较高分辨率的大型同位素质谱仪。

其他有机质谱仪有基质辅助激光解吸飞行时间质谱仪（MALDI-TOFMS）、傅里叶变换质谱仪（FT-MS）等。

气体分析质谱主要有呼气质谱仪、氦质谱检漏仪等。

2. 按质谱仪的离子源分类

离子源的性能决定了试样分子的离子化效率，对质谱仪的灵敏度有重要影响。常见的离子化方式有两种，一种是样品在离子源中以气体的形式被离子化，另一种为从固体表面或溶液中溅射出带电离子，在很多情况下进样和离子化同时进行。常用的质谱仪离子源有如下几大类。

(1) 电子轰击、电子电离（Electron Impact Ionization，EI）

EI 源是 GC-MS 中最常用的离子源，EI 源核心部分是灯丝（filament），灯丝加热后射出电子，电子在电场作用下加速，和气相分子发生碰撞，气相分子中的电子被碰撞后丢失一个电子，产生正离子。

分子电离所需要的能量需要选择。当电子能量过低时，没有足够的能量转移，分子电离过程难以发生。当电子能量过高的时候，电子波长变短，此时分子对电子不响应，能量转移也难以发生。对于有机化合物来说，70 eV 是一个合适的能量。10 eV 的能量足够使化合物电离，在 70 eV 的电离过程中，约有 10~20 eV 的能量转移到化合物上，剩余的能量可以产生一些碎片。因此电子电离质谱会产生丰富的碎片信息，这些碎片离子在结构鉴定中非常有用。

EI 源的电子动能通常采用的是 70eV。根据物质的波粒二象性原理，电子也可以是一种波。电子的波长由德布罗意公式确定：

$$\lambda = \frac{h}{mv}$$

式中：λ 为波长；h 为普朗克常数；m 为电子质量；v 为加速电压。

当电子的能量 hv 与分子的过渡态相当时，能量的转移会导致电子的激发。当能量足够时，电子便可能会脱离原子核的束缚。对于 EI 源，降低电子能量并不能有效地增加分子离子峰的信号强度，反而会降低离子化效率。

负离子在 EI 源上不能有效产生，因此 EI 源没有负离子模式。

增效离子源（Boosted Efficiency Ion Source，BEIS），是 EI 离子化增效的方法，其基本原理是通过优化电子束的焦点来最大化离子化效率。图 2-22 为 BEIS 的工作原理示意图。

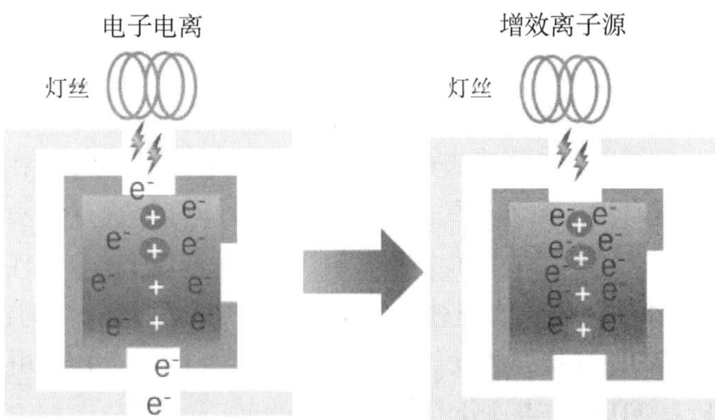

图 2-22　BEIS 的工作原理示意图

BEIS 通过优化电子束的焦点，提高电子与分子碰撞的速率。由光纤产生的电子数量与传统 EI 相同，但由于电离速率的增加，则灵敏度与传统的 EI 离子源相比可提高四倍，但其使用寿命会比传统 EI 缩短。

(2) 化学电离（Chemical Ionization，CI）

化学电离（Chemical ionization，CI）是一种软电离技术，是分子和离子反应结果在分析化学中的直接应用。在化学电离过程中，电子首先轰击试剂气体以生成试剂离子。样品分子随后通过分子和离子反应途径被试剂离子电离。化学电离的原理是使用试剂离子 X^+ 与分析物分子 A 反应，实现分析物的电离。化学电离的反应公式示意如下：

$$X^+ + A \rightarrow [A+H]^+ + [X-H]^+$$

X^+源自离子化反应气体，常见的试剂气体包括甲烷、氨气、水和异丁烷。公式中的反应时间和速率常数 k 可通过文献或测量获得。

试剂离子由离子源产生，常用的离子源主要包括辐射源、空心阴极放电电源和普通辉光放电电源。^{210}Po 和 ^{241}Am 是最常见的辐射源，电离过程从 ^{210}Po 和 ^{241}Am 发射 α 粒子开始。α 粒子具有很高的能量，可以与试剂气体发生碰撞，从而产生试剂离子和电子。足够高能量的电子还可与试剂气体碰撞形成新的试剂离子和电子。在以 H_3O^+ 为反应离子的 CI 中，通常使用空心阴极放电电源，它可产生 99.5%的 H_3O^+。

根据化学电离的条件，化学电离分为低压化学电离（<0.1 Pa）、中压化学电离（1~2 000 Pa）和大气压化学电离。根据化学反应的不同类型，化学电离分为正化学电离和负化学电离。正化学电离反应主要包括质子转移反应、电荷交换反应和亲电加成反应。负化学电离反应主要包括电子捕获反应和负离子加成反应。

大气化学电离从电晕放电提供能量，不需要真空环境，这增加了化学电离应用的范围，被广泛应用于质谱技术中。同时，CI 产生的碎片很少，在分析化学中具有巨大的潜力。

(3) 场电离（Field Ionization，FI）

场电离（Field Ionization，FI），又称场解吸（Field Desorption，FD），是一种软电离技术。其工作原理为：当试样蒸气靠近或接触带高电位的针状阳极时，因高曲率针端处的强电位梯度使试样分子电离，分子中的一个电子被吸到阳极上中和，分子被电离为自由基阳离子。这一电离过程约 10^{-12}s，场电离及使分子激发的有效能量约为 12~13 eV，是一种快速软电离技术。FI 谱中只有简单断裂的离子、分子离子或 $[M+H]^+$离子。

FI 离子源由距离很近的阳极和阴极组成，两极间加上高电压后，阳极附近产生高达 10^7~10^8 V/cm 的强电场。接近阳极的气态样品分子产生电离形成正分子离子，然后加速进入质量分析器。对于液体样品（固体样品先溶于溶剂）可用 FD 来实现离子化。将金属丝浸入样品液，待溶剂挥发后把金属丝作为发射体送入离子源，通过弱电流提供样品解吸附所需能量，样品分子即向高场强的发射区扩散并实现离子化。FD 适用于难气化，热稳定性差的化合物。FI 和 FD 均易得到分子离子峰。

(4) 快原子轰击（Fast Atom Bombardment，FAB）

快原子轰击（Fast Atom Bombardment，FAB）的基本原理是，试样通过加入甘油等高沸点基质溶剂，制成溶液涂敷于金属靶上，送入 FAB 离子源中，在强电场加速后的惰性气体中性原子束（如氙）对准试样进行轰击。基质中存在的缔合离子及经快原子轰击产生的试样离子被同时溅射进入气相，并在电场作用下进入质量分析器。如用惰性气体离子束（如铯或氩）来取代中性原子束进行轰击，所得质谱称为二次离子质谱（LSIMS）。

FAB 方法离子化能力强，比 EI 更容易得到比较强的分子离子或准分子离子，比 CI 源质谱又有较多的碎片离子峰信息，有助于结构解析，适用于极性强、挥发性低、热稳定性差和相对分子质量大的样品。但 FAB 方法对非极性样品灵敏度不足，且基质在低质量数区（400 以下）产生的干扰峰较多。

FAB 是一种表面分析技术，在样品处理过程中表面状况对分析结果的影响比较大。样品分子与碱金属离子加合，如［M+Na］和［M+K］，有助于形成离子和生物分子的离子化，采用氯化钠溶液对样品表面处理可提高加合离子的产率，分析过程中加热样品也有助于提高信号响应强度。

在 FAB 离子化过程中，可同时生成正负离子，两种离子都可以用质谱分析。样品分子如带有强电子如卤原子等，可产生大量的负离子。负离子质谱可用于农药残留物的分析。

(5) 大气压电离源（Atmospheric Pressure Ionization，API）

大气压电离源（Atmospheric Pressure Ionization，API），简称为 API 源，是液相色谱/质谱联用仪最常用的离子化方式。常见的大气压电离源有三种：大气压电喷雾（APESI，或称 ESI）、大气压化学电离（APCI）和大气压光电离（APPI）。

电喷雾离子化是去除溶剂后的带电液滴形成离子的过程，适用于容易在溶液中形成离子的样品或极性化合物。因具有多电荷能力，所以其分析的分子量范围较大，可用于小分子分析，又可用于多肽、蛋白质和寡聚核苷酸等大分子分析。

(6) 电喷雾电离（Electro-Spray Ionization，ESI）

电喷雾电离是对成团大分子施加强电场的方法，有正离子 ESI(+)、负离子 ESI(-)和化学电离（APCI）等多种离子化模式。ESI 源可在大气压条件下使溶液电离（图 2-23），一般电离分析极性强的化合物，可电离蛋白、多肽、核酸类大分子，产生多电荷离子，将质谱应用领域扩大到大分子研究领域；基于软电离技术，有助于非共价相互作用研究。

电喷雾作为一种产生气相离子的方法，由 1968 年美国物理学家 Malcolm Dole 和其合作者首次提出，1973 年 Dole 等人提出将电喷雾与传统质谱仪联用，1984 年被用于实验中；美国 John Bennett Fenn 教授因开发电喷雾电离（ESI），获得了 2002 年诺贝尔化学奖。通过 ESI 源产生聚合物离子。其电离过程基本分为 3 个过程。首先，样品溶于极性可挥发性溶剂中，溶液以一定流速（μL/min）经过一段石英毛细管；然后在毛细管尖端施加高的正电压（1~4 kV）或负电压，在强电场作用下毛细管尖端的电荷聚集，产生带电小液滴；最后，带电小液滴经过扫吹气或加热等辅助去溶剂化作用，产生离子。在正离子模式下，电喷雾电离通常是结合质子化产生［M+H］$^+$离子或结合其他的阳离子，如钠离子形成［M+Na］$^+$。在负离子模式下，电喷雾电离产生去质子化离子［M-H］$^-$或者结合其他阴离子。

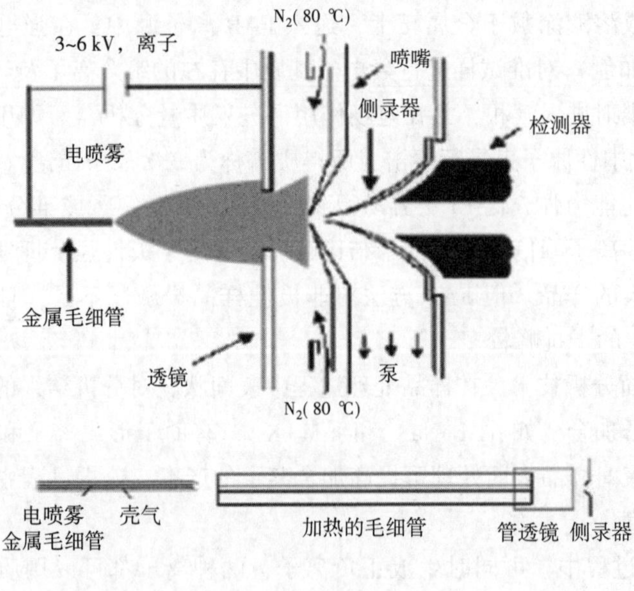

图 2-23　ESI 源结构示意图

电喷雾电离的机理目前获得广泛支持的有 Iribarne 和 Thomson 等提出的“离子蒸发模型”和 Dole 等提出的“荷电残余物模型”。

在离子蒸发模型中，ESI 过程中大致可分为液滴的形成、去溶剂化和气相离子的形成几个阶段（图 2-24）。

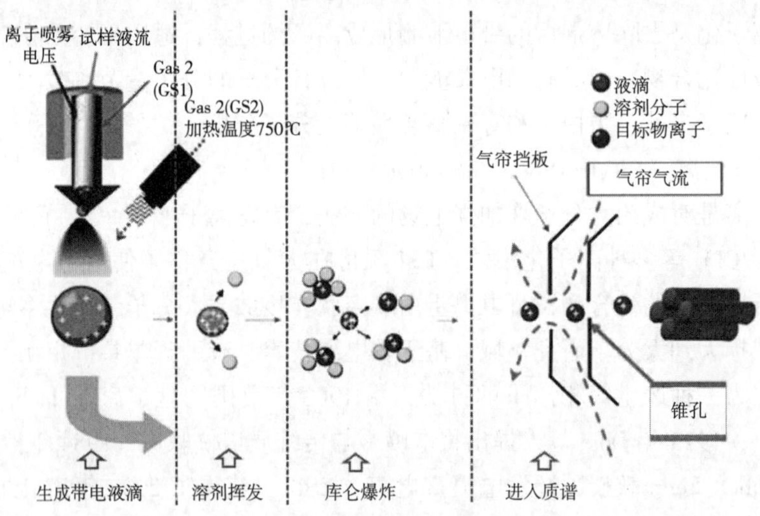

图 2-24　ESI 电离过程示意图

在液滴的形成和雾化阶段，样品溶液通过雾化器进入喷雾室，雾化气体通过围绕喷雾针的同轴套管进入喷雾室，由于雾化气体强剪切力以及喷雾室上筛网电极与端板上的强电压（2~6 kV），将样品溶液拉出并碎裂成小液滴。随着小液滴分散，在静电引力的作用下，极性离子移动到液滴表面，样品被运载并分散成带电荷的更微小液滴。液滴如果进入真空系统会引起系统噪声，因此，雾化喷嘴通常以一定角度的方式喷雾进入真空的入口，可有效避免液滴噪声影响。

在去溶剂化和离子形成阶段，进入喷雾室内的液滴，在加热的干燥气氮气作用下，有机溶剂不断蒸发，液滴的直径不断变小并形成一个“突起”，使表面电荷密度增加。当达到雷利（Rayleigh）极限时，电荷间的库仑排斥力足以抵消液滴表面张力，液滴发生爆裂，即库仑爆炸，产生出更细小的带电液滴。

最后为气相离子形成阶段。随着溶剂的持续蒸发，当液滴表面的电场强度达到108 V/cm^3 时，裸离子从液滴表面发射出来，即转变为气体离子。挥发度高的离子优先从液滴表面发射出来进入气相，其平衡离子则留在液滴中，成为固体残留物。

荷电残余物模型认为当含有单个样品分子的液滴中最后一部分溶剂挥发后，部分电荷就残留在样品分子上，而成为离子。

(7) 大气压化学电离（Atmospheric Pressure Chemical Ionization，APCI）

大气压化学电离（Atmospheric Pressure Chemical Ionization，APCI），简称为 APCI 源，其工作原理为：在气体辅助下，溶剂和样品流经进样器，溶剂和样品在进样器中被加热器蒸发，并从进样器出口喷出。溶液在高速氮气流作用下雾化，并进一步在加热石英毛细管区域受热气化成气相分子，这些气相分子在注射器的出口处，在高压电晕放电针作用下，溶剂离子与样品分子发生反应。溶剂分子在电晕放电过程中首先发生电离，产生初级靶离子如 $N_2^+\cdot$ 或者 $O_2^+\cdot$，靶离子进一步与样品分子碰撞，诱导化合物分子发生电离。整个放电过程在大气压环境下发生。APCI 源在正离子模式下，产生质子化离子或者反应气加合阳离子；负离子模式下，产生去质子化离子或反应气加合阴离子。图 2-25 为 APCI 电离标准示意图。

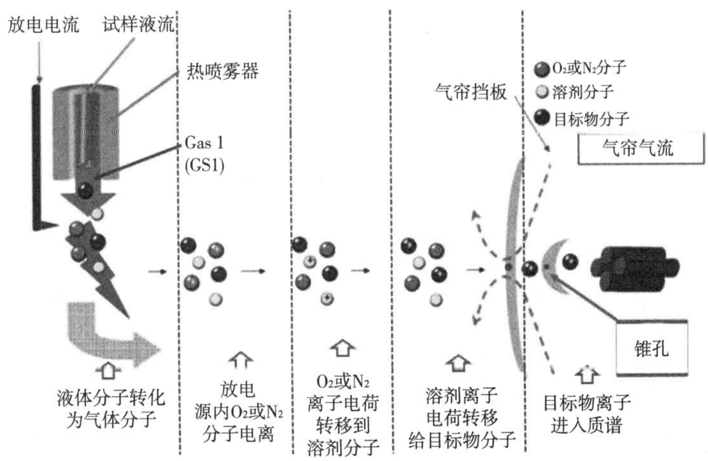

图 2-25　APCI 电离过程示意图

大气压化学电离反应过程与传统 ESI 化学电离相似，区别在于，常规的 ESI 化学电离是在真空下对溶剂进行电子轰击以使其电离，而大气压化学电离是在常压下通过放电针电晕放电使样品电离。APCI 主要用于分析有良好热稳定性的样品。与 ESI 相比，APCI 具有流动相适应范围更广的优势。

APCI 源在大气压环境下使溶液电离，类似液相和质谱的接口。APCI 源适用于非极性或低、中等极性的化合物，要求样品有一定的挥发性，通常产生的是单电荷离子，极少形成多电荷离子，在大气压条件下电离时，溶液需加热快速气化，再通过靶离子与样品分子碰撞发生电离，快速加热和高频率碰撞，可能会诱导化合物分子发生热分解，产生少数碎片离子。

APCI 主要作为高效液相色谱和质谱分析中的一个连接技术，是在常压下通过放电针电晕放电使样品电离，主要用于分析有良好热稳定性的样品。与电喷雾电离相比，APCI 流动相适应范围更广。

APCI 产生带单电荷的产物，不存在多电荷离子产物导致信号重叠和质谱分辨率降低的问题，产物分子质谱可以被直接观察到，产生的碎片离子很少，结构信息有限。APCI 必须使样品汽化，因此适用于分析有良好热稳定性和低质子亲和力的弱极性化合物，不能产生多电荷离子，不适合分析生物大分子。图 2-26 为 APCI 源结构示意图。

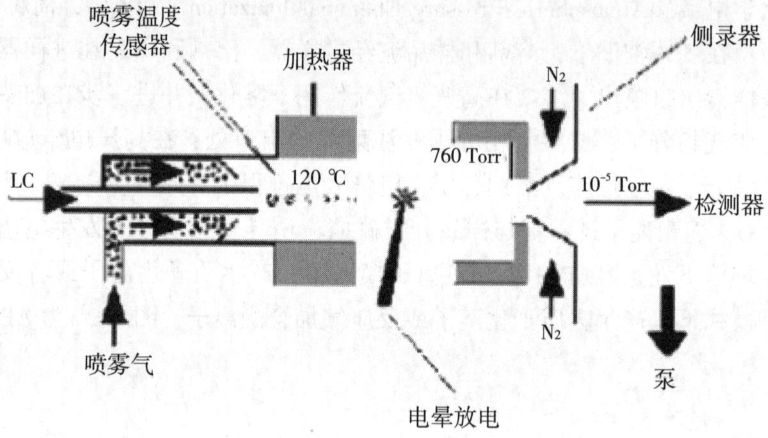

图 2-26　APCI 源结构示意图

(8) 大气压光电离（Atmospheric Pressure Photoionization Ionization，APPI）

APPI 是一种用于液相色谱-质谱（LC-MS）的软电离技术，该技术使用光化学作用来电离气相中的样品，通过质谱，APPI 有助于分析检测弱极性和非极性化合物。在 APPI 中，来自液相色谱中的溶剂和样品首先形成气态分析物（M），气态分析物被离子化并与光源发出的光子相互作用，然后离子被引入质谱仪中进行分析。在此过程中，分析物和溶剂都可能被激发，并且分析物也可能从质子溶剂中获取质子。由于溶剂和分析物都可能被电离，因此紫外光源的发射能量应大于被分析物的电离势，而小于空气组分和溶剂的电离势，这样可以减少杂质离子进入质谱仪。APPI 光源可以源自氩气灯、氙气灯或其他类似物，氙气灯发出的红光能量介于常用溶剂和大多数化合物之间，因此氙气灯使用最多。APPI 方法可用于分析药物、药物产品、肽聚糖、多环芳烃、类固醇、霉菌毒素、奎宁、乙醛、酮类等。APPI 可以同时电离极性和非极性小分子，使用户可以单次分析更多的化合物。

(9) 基质辅助激光解吸（Matrix-Assisted Laser Desorption Ionization，MALDI）

基质辅助激光解吸离子化技术（Matrix-Assisted Laser Desorption/Ionization，MALDI）是一种用于质谱的软离子化技术，可得到用常规离子化方法容易解离而得到分子碎片的一些大分子的质谱信息，由激光解吸（LD）技术发展而来，可解决激光解吸难挥发和热不稳定高分子样品的离子化问题。

MALDI 工作原理，是将溶于适当基质中的样品涂布于金属靶上，待测物质的溶液与基质的溶液混合后蒸发，使分析物与基质成为晶体或半晶体，用高强度的紫外或红外脉冲激光照射，基质分子能有效地吸收激光的能量，使基质分子和样品分子进入气相，实现样品的离子化。

MALDI 技术原理如下：在一个很小的区域、很短的时间间隔（ns 数量级）中，激光向基质上的分析物提供高强度脉冲能量，使其在瞬间解吸并电离而不会产生热分解，是一种用于直接蒸发和电离非挥发性样品的质谱电离方法。激光照射是一种简单释放或通过激光诱导的离子分子反应，基质的功能是稀释和分离溶剂蒸发和固溶体伴随形成的过程中目标物分子，在激光照射下，基质可充当能量吸收的介质。分析物被包埋在过量的基质化合物中，基质化合物沉积在一种称为靶标的固体表面上，该靶标通常由导电金属制成，并具有用于多种不同样品的斑点。在一个非常短的激光脉冲之后，被照射的点被迅速加热并被振动激发。基质分子从样品表面大力消融，吸收激光能量并将分析物分子带入气相。在消融过程中，分析物分子通常通过被附近的基质分子质子化或去质子化而被电离。最常见的 MALDI 电离形式是使分析物分子带有单个正电荷。

MALDI 方法分为三个步骤。将样品与适当的基质材料混合并加载到金属板上；使用脉冲激光照射样品，引发样品和基质材料的消融和解吸；被分析物分子在消融气体的热羽流中通过质子化或去质子化而被离子化，随后被加速到质量分析仪中进行分析。

MALDI 的解吸离子化过程与基质的种类、激发光波长和激光照射强度有关。紫外（UV）波长和红外（IR）波长的激光均可应用在 MALDI 中，UV 激光是 MALDI 分析中的重要光源。合适的基质对是 MALDI 响应结果的关键因素，高极性分析物通常选择高极性基质，非极性分析物则常选择非极性基质。当前最常用的基质有 α-氰基-4-羟基肉桂酸、2，5-二羟基苯甲酸、3，5-二甲氧基-4-羟基肉桂酸和 2，6-二羟基苯乙酮等。

激光解吸离子化质谱（LDI-MS）是分析非挥发性有机物的重要方法，LDI 可以连接傅里叶变换离子回旋共振质谱（Fourier-transform ion cyclotron resonance，FT-ICR）和飞行时间质谱（time of flight，TOF），可以对无机物、合成聚合物以及低分子量生物分子进行分析。用激光解吸测定的有机物其分子质量均低于 2.98ku。有实验表明，分子离子的软解吸仅来源于能较好吸收激光的分子，对于在激光波长处没有吸收的样品，不能被共振激发，离子的产生就需要较高的辐射度，这样就不可避免地破坏了有机分子，限制了 LDI 对分子量高于 2.98ku 的热不稳定性大分子的测定。

MALDI 方法可得到分子离子峰，无明显碎片峰，主要用于可达 100000 Da 质量的大分子分析，可使热敏感或不挥发的化合物由固相直接得到离子。可用于生物大分子、高分子化合物和低聚物分析，已被广泛应用于比如生物分子类的 DNA、生物高分子、蛋白质、多肽、糖、核酸类、聚合物的分子量分布以及低聚物分析，也适用于其他大分子量的有机分子如高分子、树状分子和其他大分子。

（10）电感耦合等离子体（Inductively Coupled Plasma，ICP）

电感耦合等离子体 ICP，是一种通过随时间变化的磁场电磁感应产生电流作为能量来源的等离子体源，由高频电流经感应线圈产生高频电磁场，使工作气体形成等离子体，并呈现火焰状放电。等离子体由自由电子、离子和中性原子或分子组成，总体呈电中性气体，其内部温度高达几千至一万度。样品由载气携带从等离子体焰炬中央穿过，迅速被蒸发电离并通过离子引出接口导入到质量分析器。

ICP 工作原理为样品由载气引入雾化室雾化后，以气溶胶形式进入等离子体的中心通道，在高温惰性气氛中被充分蒸发、原子化、电离和激发，使所含元素发射各自的特征谱线；据各元素特征谱线的存在与否，定性分析样品中是否有目标元素存在。根据特征谱线的强度，可以定量分析相应元素的含量。样品在极高温度下可以完全蒸发和解离，电离百分比高，几乎对所有元素均有较高的检测灵敏度。

电感耦合等离子体原子发射光谱法（Inductively coupled plasma atomic emission spectroscopy, ICP-AES），也称为电感耦合等离子体光学发射光谱法（inductively coupled plasma optical emission spectrometry, ICP-OES），是利用通过高频电感耦合产生等离子体放电的光源来进行原子发射光谱分析的方法，是一种火焰温度范围为 6000~10000K 的火焰技术。该条件下化合物分子结构已经被破坏，因此 ICP 仅适用于元素分析，如葡萄酒中的金属、食物中的砷、环境样品中的元素组成以及与蛋白质结合的微量元素分析。ICP-OES（AES）高灵敏度，低检测限（ppm 级），较宽的动态线性范围和多元素同时分析，通常用于痕量及部分常量元素定性定量分析。

ICP-AES 结构主要由三层同心石英玻璃管、离子体炬管、高频发生器（产生高频电流）、感应圈、供气系统和雾化系统组成。三层同心石英玻璃管外管内切向通入的氩气为等离子体工作气或冷却气，中管通入的氩气为辅助气，内管中的氩气为载气，将试样气溶胶引入炬中。

ICP 源主要用于等离子体光谱诊断，通过分析 ICP 源的光谱来分析等离子体原子组分；电感耦合等离子质谱分析；如连接质谱做为检测器（ICP-MS），可分析试样组分组成；通过 ICP 源产生低温等离子体，刻蚀材料表面，改变材料的物理与化学性质（ICP-RIE）；气相沉积薄膜技术（rf-ICP）。ICP-MS 具有元素、同位素、形态分析等定性定量分析能力，检测下限水平优于 ICP-OES（ppb 级）。由于其方便、快捷、精度高、准确度高，在组分分析中都有着广泛的应用。

3. 按质量分析器分类

根据质量分析器分类，质谱可分为如下几大类。

(1) 四极杆（Quadrupole Mass Analyzer，QM）质量分析器

四级杆质量分析仪原理如下：四极杆由四根带有直流电压（DC）和叠加的射频电压（RF）的准确平行杆构成，相对的一对电极是等电位的，两对电极之间电位相反。当一组质荷比不同的离子进入由 DC 和 RF 组成的电场时，只有满足特定条件的离子作稳定振荡通过四极杆，到达监测器而被检测，通过扫描 RF 场可以获得质谱图。

射频电压（RF）将离子聚焦在四极杆的轴心；叠加的直流电压（DC）用于破坏离子飞行轨迹的稳定性，并随后将它们从四极杆中弹出。通过调节这两个电场的强度，可使得只有一个较小 m/Q 范围的离子保持稳定的飞行轨迹从而顺利通过四极杆。该质荷比范围

外的其他离子将因不稳定而损失掉（被过滤掉），然后，在整个 m/Q 质荷比范围内扫描特定或者每个离子的质荷比，就可以记录部分或者完整质量色谱图。四极杆质量分析仪的分辨力受限于四极杆的加工精度和电子器件的性能，通常以单位质量分辨率来区分，高端的四极杆质量分析仪分辨力 $R=3000-4000$ Th/Th，此时仪表灵敏度较低。图 2-27 为四级杆质谱结构示意图。

QM 的命名是源于其核心部件由四根平行的棒状电极组成。离子束在与棒状电极平行的轴上聚焦，一个直流固定电压（DC）和一个射频电压（RF）作用在棒状电极上，两对电极之间的电位相反。对于给定的直流和射频电压，特定质荷比的离子在轴向稳定运动，其他质荷比的离子则与电极碰撞湮灭。将 DC 和 RF 以固定的斜率变化，可以实现质谱扫描功能。四极杆分析器对选择离子分析具有较高的灵敏度。

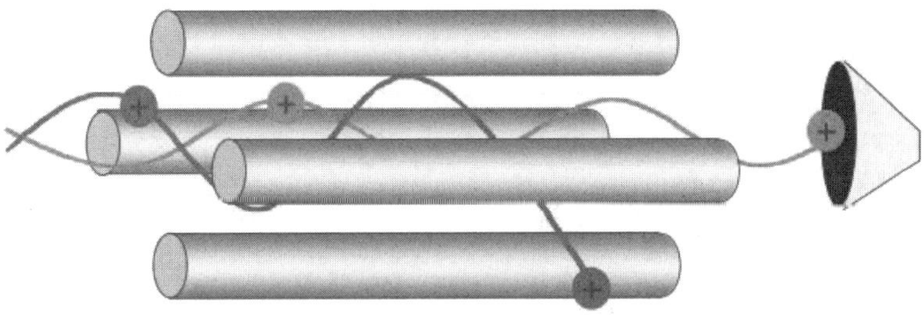

图 2-27　四极杆质谱结构示意图

四极杆质量分析器可以看作一个“离子筛”，在同一时刻，有且仅有特定 m/Q 值的离子才能通过四极杆被后端检测器检测到。通过挑选或者逐个扫描测量质荷比来获得部分或者完整谱图。不同质荷比（m/z）的离子在四极电场中的运动规律不同，分辨率<10，000，定量较准确；质量分析范围较高，用于有机或生物分子分析结构较简单，造价较便宜。

（2）飞行时间（Time of Flight，TOF）质量分析器

飞行时间质量分析器（TOF-MS）是一种使用静电场加速离子后、以离子飞行速度差来分析离子质核比的仪器。基于动能相同的不同质荷比（m/z）的离子在电场中的不同运动情况而达到分离，质荷比和飞行时间的平方成正比。

TOF-MS 的工作原理如下：TOF 是测量离子从离子源到达检测器的时间，包括在离子源中产生离子束然后加速的时间。其中有一段长约 2m 漂移管（ion drift tube），是 TOF 的主要部件。由离子源产生的离子首先被收集，在收集器中所有离子速度变为零，使用一个脉冲电场加速后进入无场漂移管，并以恒定速度飞向离子接收器。所有离子在加速区接受相同的动能，但其质量不同，因此飞行速度出现差异，通过漂移管到达检测器（TOF-MS）的时间也就不同。离子质量越大，到达接收器所用时间越长；离子质量越小，到达接收器所用时间越短。根据这一原理，可以把不同质量的离子按 m/z 值大小进行分离。

离子总飞行时间分为四个部分：① t 游离化：离子经激光游离化所需要的时间；② t 加速：离子在高压场中加速后通过加速区域的时间；③ t 飞行：离子经加速后在飞行管中飞行到检测器所花费的时间；④ t 检测：离子检测器的反应时间。其中 t 飞行是飞行总时

间的最主要项，但考虑其余三项的影响，飞行时间与质核比的关系可用公式进行校正。图2-28为飞行时间质谱结构示意图。

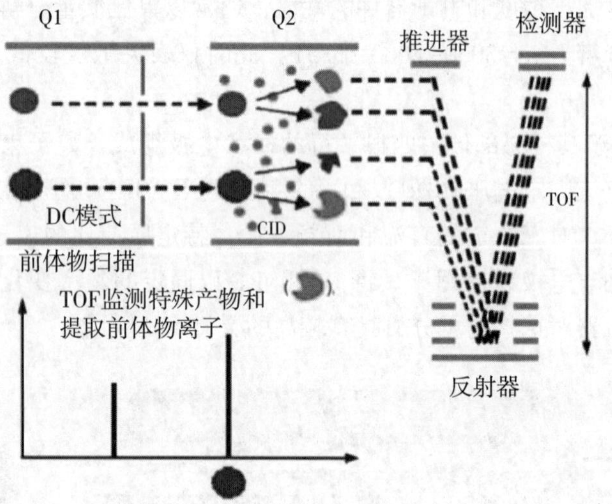

图 2-28　飞行时间质谱结构示意图

与传统的四级杆和磁质谱检测器相比，TOF-MS 质量范围宽，分析速度快，能够在几微秒时间内实现全谱分析。TOF 会高速测量每个离子从起始加速区到检测器的飞行时间，然后将其转换为质谱图的质荷比和信号强度。质荷比 m/z 较小的离子会以更快的速度通过 TOF 区域并更快到达检测器。四级杆质谱每次测量只记录单一质荷比离子，飞行时间质谱每时每刻都在记录所有质荷比的离子的信号强度。在离子带电荷数都相等的前提下，通过离子飞行时间可以反推出其质荷比。

TOF-MS 可同时检测所有离子，相比于 QMS 离子监测（SIM）和全谱扫描具有优势，四极杆在扫描每个离子时都需要一定的驻留时间（一般为 0.1 秒以上），即需要较长时间才能完成全谱扫描，因此测量速度较慢并损失大量有效信息。四级杆扫描的离子数目越多，对仪器灵敏度的影响越大。四极杆对每个质荷比的信号累积时间不超过 1 秒，TOF-MS 对每个 m/z 的信号累积时间为 10 秒，可为每个离子累积更多的信号，因此在 10 秒的时间内具有相对于四极杆更高的灵敏度。TOF 分辨率通常在 500~10，0000，可准确定量。

TOF-MS 的优点是：分辨能力好，有助于定性和 m/z 近似离子的区别，能够很好地检测 ESI 电喷雾离子源产生多电荷离子；速度快，每秒 2~100 张高分辨全扫描（如 50~2 000u）谱图，适合于快速 LC 系统（如 UPLC）质量上限高（6 000~10 000u）；TOFMS 采集瞬时全谱信息，大幅提升仪器分析速度和灵敏度，确保任何重要信息不会丢失，并允许回溯分析，方便鉴别未知分析物和解析测量结果。但不能进行串极分析，限制了进一步的定性能力。四极杆质谱和飞行时间质谱主要性能比较如表 2-4 所示。

表 2-4　四极杆质谱和飞行时间质谱比较

	四极杆质谱 QMS	飞行时间质谱 TOFMS
数据采集	同一时段记录一种离子	记录所有离子（全谱）
采集速率	1000 Hz 单个离子	1000 Hz 全谱
质谱分辨率	单质量数分辨率不能分辨同位素峰	可分辨同位素峰，由精确分子量可推导化学式

（3）三重四极杆质量仪（QQQ，或 TSQ）

三重四级杆质谱是由三个四级杆分析器串联的多级质谱，每个分析器有单独的作用。第一个四级杆（Q1）根据设定的质荷比范围扫描和选择所需的离子；第二个四级杆（Q2），也称碰撞池，主要用于聚集和传送离子，在所选择离子的飞行途中，引入碰撞气体如氮气、氩气等；第三个四级杆（Q3）用于分析在碰撞池中产生的碎片离子。

在保留 QMS 原有定量能力强的基础上，QQQ 质谱为四极杆质谱仪提供了串级功能，加强了质谱的定性能力，检测标准中常作为 QMS 的确认检测手段和仪器。优点是：有串极功能，定性能力强；定量能力强，MRM 信噪比高于 QMS 的 SIM。

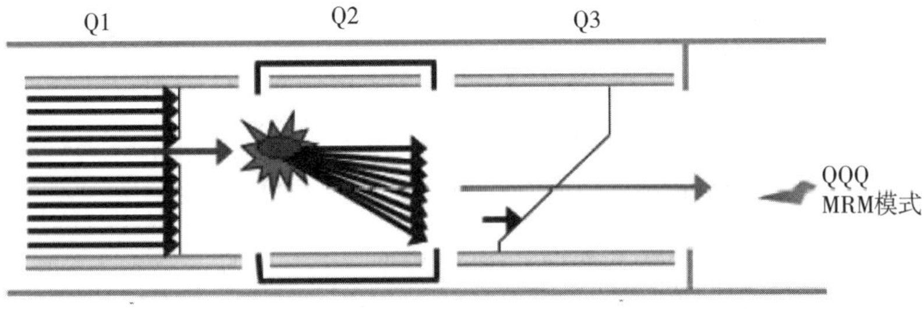

图 2-29　三重四级杆质谱结构示意图

QQQ 具有多种扫描模式：子离子扫描、母离子扫描、中性丢失扫描、单离子反应监测、多反应监测（MRM）等，其中 MRM 模式应用最为广泛，特别是需要精确定量时。MRM 模式具有以下特点：①灵敏度高：通过两级离子选择，排除大量干扰离子，使质谱的化学背景降低，目标检测物的信噪比显著提高，从而实现检测的高灵敏度。②重现性好：在选择性的质谱信号采集中，避免了待测分子离子化、质谱信号的抑制及源内裂解的影响，因此重现性也相应提高。③准确度高：利用 MRM 的特异性，进行连续的离子扫描分析，得到串联质谱碎片数据，与全扫描和中性丢失质谱扫描模式相比降低了分析过程中定性结果的假阳性率，保证了分析的准确度。④通量高：最新的 MRM 技术每个循环时间内能处理多达 300 对母离子-子离子对。

三重四级杆质谱是进行单一质荷比扫描最灵敏的质谱系统，是质谱应用领域最灵敏和重现性最好的定量仪器，适合进行 MRM 分析。除一般子离子扫描功能外，QQQ 还具有 SRM、MRM、母离子扫描、中性丢失（Neutral loss）等功能，对特征基团的结构研究有很大帮助。缺点是分辨力不足，容易受 *m/z* 近似的离子干扰；定性方面 QQQ 不如离子阱质谱仪灵敏（TRAP 能够富集离子）和飞行时间质谱仪（TOF 分辨率高，包括所有碎片离子）。

（4）静电轨道阱（Orbitrap）质量分析器

静电轨道阱 Orbitrap 是一种离子阱质量分析器（如图 2-30 所示），由两个外部电极和一个中心电极组成，可以同时用作分析器和检测器。进入 Orbitrap 的离子通过“电动挤压”捕获后，这些离子围绕中心电极及在两个外部电极之间振荡。不同的离子以不同的频率振荡，从而得到分离。采用图像流检测，通过测量外部电极上的离子引起的振荡频率采集得到离子的质谱图。Orbitrap 质量分析器实际上是傅里叶变换质量分析器，模拟 FT 离子回旋共振（ICR）技术。

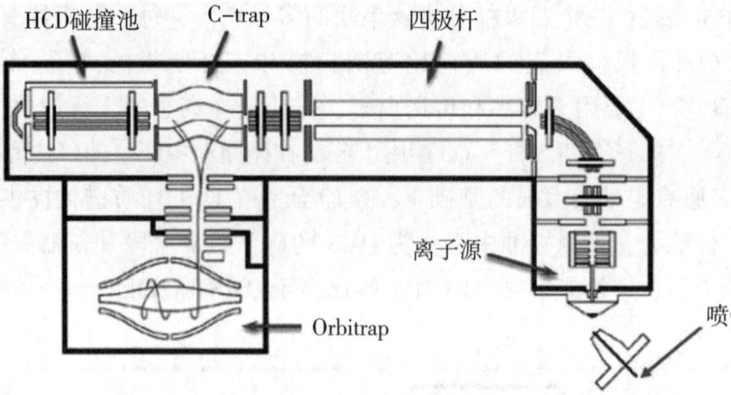

图 2-30　静电轨道阱质谱（Orbitrap）结构示意图

轨道阱质谱（Orbitrap）的质量分析器形状如同仿锤体，由仿锤形中心内电极和左右 2 个外仿锤半电极组成。仪器工作时，在中心电极逐渐加上直流高压，在 Orbitrap 内产生特殊几何结构的静电场。离子进入到 Orbitrap 室内后，受到中心电场的引力，即开始围绕中心电极作圆周轨道运动，同时离子受到垂直方向的离心力和水平方向的推力，而沿中心内电极作水平和垂直方向的震荡。通过离子的旋转振荡产生的镜像电流，经微分放大后由变换器测定各离子的振荡频率，最后计算出分子离子的质荷比（m/z）。图 2-31 为轨道阱（Orbitrap）内部离子运动示意图。

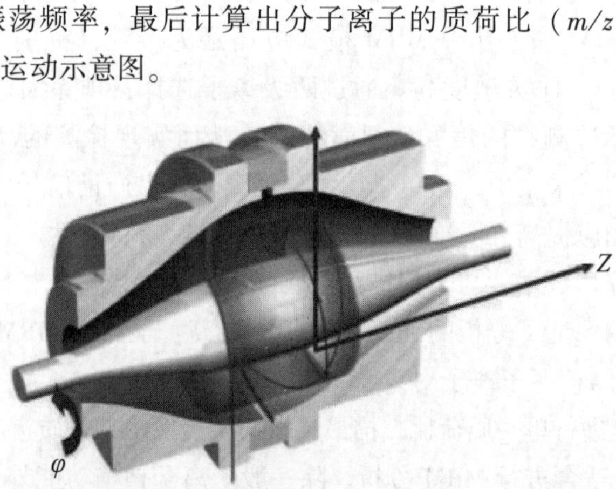

图 2-31　轨道阱（Orbitrap）内部离子运动示意图

Orbitrap 的两个外半电极包裹住纺锤形中心电极，中间的空间供离子自由飞行。离子在 Orbitrap 内飞行，受到中心静电场的引力，围绕中心纺锤形电极做圆周轨道运动，路径好比缠绕在纺锤上的线。被捕集到的离子在纺锤形电场中的运动轨迹是一个复杂的螺旋形，有径向、轴向和回旋三种运动，但只有轴向振荡频率 ω_z 可用于质量分析，因为它完全独立于离子的能量以及空间分布。轴向振荡频率离子的轴向频率符合公式如下：

$$\omega_z = \sqrt{\frac{q}{mk}}$$

式中：ω_z 为离子的轴向振荡频率；q 为离子的电荷量；m 为离子的质量；k 为振荡常数。

由公式可见，m/z 与轴向振荡频率的平方呈反比。实际应用时，离子通过狭小的离子狭缝射入到轨道阱中，伴随电场强度的增加，汇聚于阱的中心。当进入阱后，每一个质荷比的离子不需要额外激发进入相同的轴向振荡，所有离子具有相同的振幅，但具有不同的振荡频率，轨道阱质量分析器同时测定各种离子的轴向振荡频率 ω_z，最后经过傅里叶变换和质量校准后，得到质谱图信息。

静电场轨道阱（Orbitrap）质谱是由俄罗斯科学家 Makarov 在 Kingdon 阱的基础上发明得到，并在 2005 年首次以商品化形式出现，即线性离子阱-Orbitrap（LTQ-Orbitrap）质谱仪。Orbitrap 此前一直为美国赛默飞世尔公司（Thermofisher Scientific）公司独有，被用于高分辨的质谱分析平台，其中 Q Exactive 系列质谱仪将四级杆的母离子高选择性与高分辨、精确质量的 Orbitrap 检测相结合，可以实现化合物的鉴定、定量和确证。

Orbitrap 具有多种优势：分辨率超高，在 m/z 200 时最高分辨率可达>500 000 半峰宽（Full Width at Half Maximum，FWHM）；质量精度高（$0.1\times10^{-6}\sim1\times10^{-6}$）；空间电荷容量大，质量范围宽；动态范围广，可提供较宽质量范围和浓度区间的定性和定量分析。较其它高分辨质谱如傅里叶变换离子回旋共振（FTICR）质谱、飞行时间（ToF）质谱等，体积更小，易于维护，操作简便。Orbitrap 质谱联用技术包括四极杆-Orbitrap（Q-Orbitrap）、LTQ-Orbitrap、Fusion 三合一（Q-Orbitrap-LTQ）质谱等串联质谱技术，液相色谱-Orbitrap 联用技术（LC-Orbitrap）和气相色谱-Orbitrap 联用技术（GC-Orbitrap）。

（5）傅里叶变换离子回旋共振（Fourier Transform Mass Spectrometer，FT-ICR）质量分析器

傅里叶变换离子回旋共振 FT-ICR，又叫傅里叶变换质谱分析，是根据给定磁场中的离子回旋频率来测量离子质荷比的质谱分析器。

FT-ICR MS 的原理如下：样品首先必须被电离以产生气相离子，离子从离子源外部产生，聚集在离子光学系统后，被转移到离子回旋加速器单元中，在彭宁阱（Penning Trap，一种带有电捕获板的磁场）被捕获，随后在正交于磁场的振荡电场中被激发（以其共振回旋频率）为更大的回旋半径。去除激发场后，离子以其回旋加速器频率同相旋转的离子“包”，当离子包靠近一对电极时感应出电荷，被检测为图像电流。来自离子的感应电流可被检测为时间的函数，产生的信号称为自由感应衰减（FID）、瞬态或干涉图，由正弦波的叠加组成。FID 被傅立叶变换为频域信号，上述的原始数据通过傅里叶变换，即可提取

有用信号形成质谱图。

带电粒子进入质量分析器后，在电场和磁场的双重作用下运动，调节相应的电场和磁场参数可以筛选出目标化合物粒子。FT-ICR 质谱的分析器是一个具有均匀超导磁场的空腔，离子在垂直于磁场的圆形轨道上作回旋运动，回旋频率仅与磁场强度和离子的质荷比有关。当回旋的离子束接近一对捕集板时，捕集板上会检测到影像电流信号。FT-ICRMS 是让离子从感应板附近经过，而不是用离子去撞击类似电子倍增器的感应装置，对于物质的测定是根据频率来进行，其他质谱技术是利用时空法来测量。利用象限仪（sector instruments）检测时，不同的离子会在不同的地方被检测出来；利用飞行时间法（time-of-flight）检测时，不同的离子会在不同的时间被检测出来；而利用 FTICR-MS 检测时，离子会在给定的时空条件下被同时检测出来。

信号根据离子质荷比（m/z）进行分析和检测，通过绘制信号强度与 m/z 的关系来生成质谱。原始质谱图的横坐标是分子量（质荷比），纵坐标为相对丰度（以强度最高的峰为基峰，记为 100%）。由于同位素普遍存在，各检测粒子均伴随强度较弱的若干同位素峰。同位素峰在质荷比坐标轴上十分接近，FTICR 的高解析分辨力可提供同位素信息。在离子化过程及传输中，化合物结构可能被破坏产生碎片峰。在实际样品分析中，为提高结果准确性，常使用串联质谱或多级质谱获取更多化合物碎片信息，以进一步确定目标物。

FT-ICR MS 拥有超高分辨率和超高质量精确度，在 m/z 400 时的分辨率超过 1×10^6（半峰宽定义），能够准确解析谱图中各质谱峰所对应的分子式，是目前从分子水平分析有机物组成最有效的仪器方法。FT-ICR MS 不能直接对分子进行结构解析，但通过分子式的元素比率和芳香度信息可以解析出有机物的组分和组成特征。

（6）离子阱（Ion Trap，IT）质量分析器

离子阱（Ion Trap，IT）质量分析器是由一对环形电极（ring electrode）和两个呈双曲面形的端盖电极（end-cap electrode）组成，两个端盖电极和位于它们之间的类似四极杆的环电极构成。端盖电极施加直流电压或接地，环电极施加射频电压（RF），通过施加适当电压就可以形成一个势能阱（也称离子阱）。根据 RF 电压的大小，离子阱可捕获并储存某一质量范围的离子。待离子累积到一定数量后，在环形电极上加射频电压 RF 或再加直流电压，上下两个端盖电极接地，逐渐增大射频电压的最高值，离子进入不稳定区，由端盖电极的小孔排出。当射频电压（RF）的最高值逐渐增高时，离子按质量从高到低的次序依次离开离子阱，被电子倍增监测器检测，从而获得质谱图。

离子阱质谱是最简单的串联质谱，常用于结构鉴定和分子结构定性研究，优点是能够分离出某种离子，把其他的离子排出离子阱，被分离的离子能够通过碰撞诱导解离的方式变成碎片然后被测定。该设计可对碎片离子和碎片片段进行多重质谱扫描，从而获得更多结构信息，同时能够富集离子，以提供更好的离子信号。离子阱在全扫描模式下仍具有较高灵敏度，单个离子阱通过时间序列的设定可以实现多级质谱（MSn）的功能。局部高分辨模式（Zoom Scan）的分辨力可达 6 000~9 000，比四极杆质谱高，适合于确定离子质量数。但其定量能力不如 QMS 和 QQQ，同时不能像 QQQ 一样做母离子扫描和中性丢失，不能支持筛选特征结构分子。

（7）磁质谱（Sector MS，SMS）

磁质谱是以扇形均匀磁场为质量分析器的质谱仪，主要分为单聚焦和双聚焦两种，单聚焦磁质谱由单一的扇形磁场构成，双聚焦磁质谱在扇形磁场前后串联一个或多个静电场分析器。

磁质谱的工作原理为：在磁场中粒子偏转半径与其质荷比和离子动能有关，磁分析器根据不同质荷比的离子在同一磁场中的偏转半径不同而进行分离。从离子源引出的粒子的初始动能一般存在差异，因此质荷比相同但动能稍有不同的离子将集中在不同位置，这将导致分辨率的降低（单聚焦磁质谱分辨率约为 5 000）。因此引入静电场分析器作为补偿能量差异的装置。带电粒子在电场中的偏转半径仅与加速电压和电场强度有关，与质量无关。静电场分析器可充当能量过滤器，对具有相同质荷比值、不同能量的粒子进行聚焦。

扇形磁场分析器（Sector）是质量和能量色散元件，静电场分析器为能量色散元件，两种系统都具有方向聚焦特性。对于双聚焦磁质谱来说，磁场能量色散 hDE 和静电场能量色散 eDE 大小相等，但方向相反，对入射方向和动能都不同的离子，均可聚焦到同一点，起到能量聚焦和方向聚焦的双聚焦作用，因而具有较高质量准确性和高分辨率（通常在 10 000 以上，最高可大于 100 000）。双聚焦磁质谱仪的工作原理如图 2-32 所示。

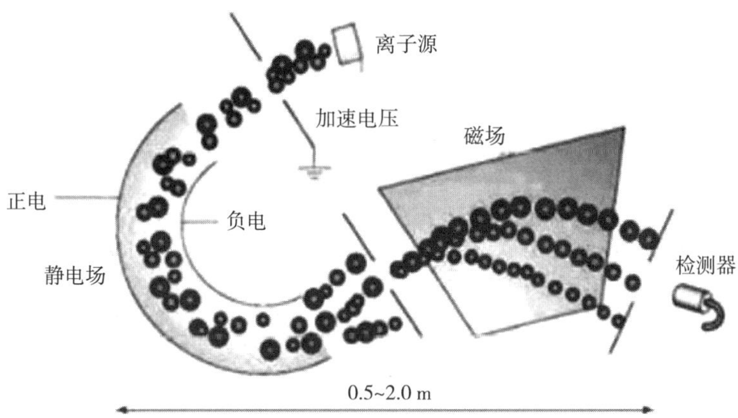

图 2-32　双聚焦磁质谱工作原理示意图

磁质谱可分为多种类型，如扇形磁场电感耦合等离子体质谱、加速器质谱、二次离子质谱、热电离质谱等。

电感耦合等离子体质谱（ICP-MS）、热电离质谱（TI-MS）、AMS、SIMS 等质谱技术可用于高精度分析燃料材料、环境样品等不同基质中痕量和超痕量水平元素形态以及其同位素比值，如氢、锂、硼、镧系元素和锕系元素等。热电离质谱（TI-MS）是一种精确分析核燃料等固体样品中不同元素同位素比值的方法。

大多数无机材料不易溶解，很难用 ICP-MS 法进行分析，碳、氧、氮等非金属元素也无法通过溶液用 ICP-MS 法进行测量。SIMS 主要用于微区分析，且存在由固态样品直接产生分析物离子引起的元素灵敏度的巨大变化和严重的基质效应。

辉光放电质谱（Glow Discharge Mass Spectrometry，GD-MS）可对多形状、各尺寸的固

体样品进行直接分析，可满足固体样品分析，适用于样品平均含量分析，具有高分辨率和灵敏度，分析速度快，干扰小，几乎可对元素周期表中所有元素进行分析。

辉光放电工作原理为：GD 是一种低能等离子体，氩气等惰性气体在高电压下电离产生的氩正离子被等离子体中的电场吸引到样品表面，并具有一定的动能。在氩等离子体中，辉光放电形成的氩正离子被加速到样品阴极，通过离子轰击将样品材料溅射到阴极表面。溅射的原子和分子在辉光放电等离子体中通过彭宁和/或电子冲击及电荷交换过程电离。形成的样品正电荷离子被提取并加速进入质谱仪中，离子束根据其质荷比和能荷比进行分离，分离的离子通过电子倍增器/法拉第杯等离子检测器进行测量。高分辨率 GD-MS 通常采用磁分析器和静电场分析器双聚焦模式，最高分辨率可达 10 000，检测限可达到 10^{-15}，单次分析即可获得包括常、微、痕、超痕量元素在内的所有数据。GD-MS 在高纯材料杂质元素鉴定方面有着广泛应用。

激光共振电离质谱（Laser Resonance Ionization Mass Spectrometry，LRIMS）具有高灵敏度、高元素选择性，能有效克服 TI-MS、ICP-MS 测量同位素过程中存在的同量异位素干扰问题，可选择性激发特定目标元素，进而对超痕量核素进行有效分析。

激光共振电离质谱法（LRIMS）工作原理为：目标元素原子通过脉冲离子束从固体中溅射出来，气态原子通过吸收一个或多个激光光子由基态跃迁到激发态，实现共振激发，进一步吸收光子，当高于电离阈值状态后发生电离，生成的离子进入质谱进行检测。对于 LRIMS，提高样品原子电离效率有助于提高检测灵敏度。共振电离过程是一个多步光子吸收的过程，选择的可调谐激光器须精确匹配目标元素的共振线。常用激光器包含脉冲可调谐激光器、高重复频率激光器、连续激光器、小型可调谐二极管激光器等。

常规的激光共振电离-飞行时间质谱具有高分辨率，但其信噪比低、动态范围窄（几个数量级），受加速度场的不均匀性和探测器的时间分辨率的限制，无法精确测量低丰度同位素，采用磁分析器的 LRIMS 可有效避免这类问题。LRIMS 适用于长寿命放射性核素（如铀、钍、钚、镎、镅等）超痕量分析。

第十六节　色谱质谱法

一、基本定义

色谱质谱法（Chromatography-Mass Spectrometry，CMS）是指利用色谱技术分离样品中的各个组分，然后将这些组分导入质谱仪进行检测和分析的方法。

采用色谱仪与质谱仪连接的方式进行多组分物质的分离和测定的方法。先由色谱仪将多组分分离成单一或相对简单的组分，再通过特殊接口（interface）连接质谱仪，组分响应信号导入质谱进行分析，适用于复杂多组分或基质复杂的样品。色谱质谱法是一种将色谱技术与质谱技术联用的分析方法，它结合了色谱的高效分离能力和质谱的高灵敏度和高特异性检测能力，用于复杂样品中目标化合物的定性和定量分析。

二、基本原理

色谱（Chromatography）作为一种分离技术利用样品中不同化合物在固定相和流动相之间的相互作用差异来实现分离。色谱法根据样品中不同组分的物理化学性质（如极性、分子大小、电荷等）在固定相和流动相之间分配系数的差异进行分离。

质谱（Mass Spectrometry）是一种分析技术，它通过测量离子的质量与电荷比（m/z）来鉴定化合物。分离后的组分在进入质谱仪前被离子化，形成带电的分子或分子碎片，质谱仪根据离子的质荷比（m/z）进行分析，分离并检测不同的离子，然后根据离子的 m/z 比将其分离，最后检测并记录离子信号。检测器记录离子信号，生成质谱图，通过分析质谱图进行化合物的定性和定量。质谱可以提供化合物的精确质量信息，有助于化合物的鉴定和定量。质谱仪产生的数据通常包括总离子流图（TIC）和质谱图。通过分析质谱图，可以识别化合物的 m/z 比从而确定化合物。通过比较样品和标准品的质谱图，可以进行定性和定量分析。

色谱质谱联用技术（Chromatography-Mass Spectrometry，C-MS）是将色谱分离技术与质谱分析技术结合起来的分析方法。色谱质谱联用是将色谱柱的出口直接连接到质谱仪的入口，色谱分离后的化合物依次进入质谱仪进行分析。基于色谱分离效果，化合物在质谱仪中的检测分开进行，有助于减少复杂样品中背景和共流出的干扰，通常用于复杂样品中化合物的定性和定量分析。

色谱质谱联用技术的优势在于它结合了色谱的高分辨率分离能力和质谱的高灵敏度和选择性分析能力，使得它能够处理复杂样品中的微量化合物分析，提供丰富的结构信息。色谱质谱联用技术广泛应用于药物代谢、环境监测、食品安全、生物医学研究等领域。

三、相关理论

色谱质谱法的理论基础包括色谱理论（如塔板理论、速率理论）和质谱理论（如离子化效率、离子传输效率、质量分辨率和准确度）。色谱理论解释了组分在色谱柱中的分离过程，而质谱理论则涉及离子的生成、传输和检测。色谱质谱法（CMS）中有关色谱和质谱的基本理论可见上节中相关部分。

色谱质谱联用技术是将色谱技术和质谱技术结合在一起的分析方法。在色谱质谱联用技术中，色谱仪作为样品的前处理设备，将复杂的混合物分离成单一组分，并将这些组分逐一送入质谱仪进行分析。质谱仪可以对每个组分进行精确的分子量测定和结构分析，从而实现对样品中复杂成分的全面鉴定和定量分析。

气相色谱质谱法（GC-MS）和液相色谱质谱法（LC-MS）是色谱质谱联用技术中常用的方法。在 GC-MS 或 LC-MS 中，气相色谱仪或液相色谱仪作为样品的前处理设备，将样品中的化学成分分离成单一组分，并将这些组分送入质谱仪进行分析。质谱仪可以对每个组分进行精确的分子量测定和结构分析，从而实现对样品复杂成分的全面鉴定和定量分析。

四、色谱质谱联用主要类别

色谱质谱法主要由几大类组成：气相色谱－质谱（Gas Chromatography－Mass

Spectrometry，GC-MS）和液相色谱-质谱（Liquid Chromatography-Mass Spectrometry，LC-MS）、离子色谱-质谱（Ion Chromatography-Mass Spectrometry，IC-MS）、等离子体发射光谱/质谱（Inductively coupled plasma-Mass Spectrometry，ICP-MS）等。相关分类介绍可见上节内容不同色普与质谱联用的特点如下。

气相色谱-质谱（GC-MS），是一种分析沸点较低、热稳定性好、易挥发的有机化合物的方法。样品在气相色谱中分离后，通过加热的传输线进入质谱仪。液相色谱-质谱（LC-MS）技术，适用于分析高沸点、热不稳定、难挥发的化合物，包括生物大分子。样品在液相色谱中分离后，通过不同的接口技术进入质谱仪。气相色谱质谱联用（GC-MS）的工作流程为：经色普栓分离的组分在离子源中受 70 eV 电子来轰击（EI 电离），生成特征碎片离子，通过质量分析器按 m/z 分离后检测，形成保留时间-质谱图二维数据。

毛细管电泳-质谱（Capillary Electrophoresis - Mass Spectrometry，CE-MS），是 20 世纪 80 年代问世的以毛纲管为分离通道，以高压直流电场为驱动力的一种液相分离分析技术，是经典电泳技术和现代微柱分离相结合的产物。与传统的分离方法相比，毛细管电泳的显著特点为简单、高效、快速和微量，毛细管电泳适用于分离，分析极微量样品（mL）和特定用途如手性对映体分离样品。近年来，毛细管电泳在手性化合物分离药物分析、DNA 分析、代谢分析和环境分析等领域得到越来越广泛的应用。

超临界流体色谱-质谱（Supercritical Fluid Chromatography-Mass Spectrometry，SFC-MS），常用超临界流体二氧化碳作流动相，通过色谱柱和离子源之间的分离器，可实现 SFC 和 MS 联用。适用于弱极性和中等极性物质如脂肪酸、胆固醇等的分离分析。

等离子体发射光谱/质谱（Inductively coupled plasma Mass Spectrometry，ICP MS），是由 ICP 作为离子源和 MS 联用，ICP 利用在电感线圈上施加大功率的高频射频信号，在线圈内部形成高温等离子体，并通过气体的推动，保证了等离子体的平衡和持续电离。在 ICP-MS 中，ICP 起到离子源的作用，高温的等离子体使大多数样品中的元素都电离出一个电子而形成了一价正离子。ICP-MS 能同时测定几十种痕量无机元素，可进行同位素分析、单元素和多元素分析，以及有机物中金属元素的形态分析。

每种类型的色谱质谱法都有其特定的应用领域和优势，选择方法和类型，取决于待分析样品的性质和分析目标物的物理化属性。

1. 气相色谱-质谱

气相色谱质谱联用技术（GC-MS）是一种综合利用气相色谱（GC）和质谱（MS）两种技术的分析方法。GC-MS 能够对混合物中的不同组分进行分离，并利用质谱对分离后的组分进行定性和定量分析。

GC-MS 可以按照检测器数量分为单级质谱和串联质谱。

单级质谱：使用单个质量分析器的质谱仪器，适用于常规分析。

串联质谱（MS/MS）是一种使用多个质量分析器的质谱方法，具有更高的选择性和灵敏度，适用于复杂样品中痕量化合物的分析。串联质谱常用的有三重四极杆质谱和四极杆-飞行时间质谱。三重四极杆（QQQ）是一种常见的 MS/MS 配置，具有三个四极杆，分别用于前体离子选择、碰撞诱导解离（CID）和产物离子质量分析。四极杆-飞行时间质谱（Q-TOF）使用四极杆进行前体离子选择，飞行时间（TOF）分析器作为产物离子质量分析器，适用于高精度质量分析。

GC-MS 技术因其高分辨率和高灵敏度的特点，在环境监测、食品安全、法医学、药物开发等多个领域得到广泛应用。通过串联质谱技术，GC-MS 能够对复杂样品中的痕量化合物进行准确分析，提高了分析的特异性和选择性。

2. 液相色谱-质谱

液相色谱-质谱联用技术（LC-MS）是一种将液相色谱（LC）的分离能力和质谱（MS）的高灵敏度检测能力结合起来的分析技术。LC-MS 广泛应用于生物、医药、环境和食品分析等领域，特别是在复杂样品中目标化合物的定性和定量分析。

与 LC 联用的质谱仪器主要包括如下几类。

LC-QMS 四极杆质谱仪是一种由四个电极组成的质量过滤器，适用于常规的定性分析和定量分析。

飞行时间质谱仪（LC-TOF）是一种基于离子的飞行时间来分析质量，适用于高通量分析和蛋白质组学。

离子阱质谱仪（LC-IT）是一种使用离子阱来俘获和分析离子的仪器，适合于复杂样品的分析。

轨道阱质谱仪（LC-Orbitrap）是一种提供高分辨率的质量分析的仪器，常用于蛋白质组学和代谢组学研究。

三重四极杆质谱仪（LC-QQQ）是一种由三个四极杆组成的质谱仪，适用于定量分析，特别是在多反应监测（MRM）模式下。

QTRAP 质谱仪（LC-QTRAP）结合了三重四极杆和线性离子阱的特点，具有多种扫描功能。

3. 离子色谱-质谱

离子色谱-质谱联用技术（Ion Chromatography-Mass Spectrometry，IC-MS）是一种结合了离子色谱（IC）的高效分离能力和质谱（MS）的高灵敏度检测技术的分析方法。这种技术特别适用于分析强极性可电离物质，如阴离子、阳离子、单抗药物、疫苗、中药多糖、功能性低聚糖等以及某些有机酸和碱。

IC-MS 按应用场景主要有实验室离子色谱、便携式离子色谱、在线离子色谱（三种类型）。按质谱仪器的类型不同，可以将其分为四极杆 IC-MS、飞行时间 IC-MS（TOF）、离子阱 IC-MS、傅里叶变换 IC-MS（FT-ICR）等多种类型。

LC-MS 具有高灵敏度和高选择性，尤其是通过 MRM 模式进行目标化合物的定量分析时。特别适合于分析常规液相色谱-质谱联用技术（LC-MS）难以分离的强极性可电离物质。加入有在线脱盐作用的抑制器，可进一步提高流动相与质谱的兼容性。此外，LC-MS 还可通过数据依赖性采集（DDA）或数据非依赖性采集（DIA）方式进行非靶向分析，有助于发现和鉴定未知化合物。

五、色谱质谱连接类型

在现有的有机色谱质谱仪中，除激光解吸电离-飞行时间质谱仪和傅立叶变换质谱仪之外，其他质谱仪都是和气相色谱或液相色谱等色谱组合联用，质谱兼具了定量分析和定性分析能力。为提高目标物的分离能力，可以采用二维色谱方法，串联质谱（质谱-质谱联用）法可以获得有关分子离子和碎片离子的结构信息，有效增加未知物的结构信息和分析的选择性的能力。

质量分析器种类很多，最常用的是四极杆分析器（简写为 Q），其次是离子阱分析器（Trap）和飞行时间分析器（TOF），采用具有串联质谱功能的质量分析器通常有 Q-Q-Q，Q-TOF 等。随着仪器的发展，串联的方式也越来越多。20 世纪 80 年代以后出现的软电离技术如 ESI、APCI、FAB、MALDI 等，基本上只有准分子离子，没有结构信息，通过串联质谱法则可以得到结构信息。

串联质谱技术是一种仪器分析方法，通过将两个或多个质谱分析器耦合一起来增加其分析样品的能力。在串联质谱中，待分析样品的分子先被离子化，后通过第一个质谱分析器（称为 MS1），根据其质荷比（通常表示为 m/z 或 m/Q）进行分离。从 MS1 中出来的特定 m/z 比值的离子被选中，然后通过碰撞诱导解离、离子分子反应或光解离等方式分裂成更小的碎片离子。这些碎片随后被引入第二个质谱分析器（MS2），再次根据其 m/z 比值进行分离和检测。这个碎裂过程使得能够鉴别和分离在常规质谱分析中具有非常相似 m/z 比值的离子。

串联质谱可分为时间串联和空间串联两大类。时间串联质谱（tandem in time），是利用某些质量分析器能够储存离子的特性，在同一个质量分析器上，通过时间序贯实现多级分离。时间串联质谱仪只有一个质量分析器，前一时刻选定的离子在分析器内打碎后，在后一时刻进行分析。空间串联质谱（tandem in space），是利用多个质量分析器在空间上串联从而实现多级质谱的功能，一般串联两个以上质量分析器，两个分析器间的碰撞活化室可以将前级质谱仪选定的离子打碎，再由后一级质谱仪分析。

空间串联质谱是利用多个质量分析器在空间上串联，来实现多级质谱功能。工作原理如下：从第一级 MS 分离出来的特定离子，均需在碰撞活化室中经过碰撞活化后，再经第二级 MS 进行质量分析。如果碰撞活化分解采用软电离（如电喷雾和快原子轰击）作离子源时，得到的质谱主要是准分子离子峰，碎片离子少，缺少可以解析的结构信息。

第三章　专业实验

本书实验基于东华大学应用化学的专业方向加以设置，分为三大方向：精细化学品，绿色化学与工艺，以及功能高分子化学。精细化学品方向主要是：针对国家和行业节能减排要求，着重研究具有节能、减排、环保、高效、短流程等功能的新型精细化学品及应用工艺；从源头上控制污染物的产生，运用分子设计和现代复配技术研究开发高效环保生态型精细化学品替代传统高污染、高能耗化学品；针对功能化、高附加值的发展需求，设计并制备具有特种整理功能的新型精细化学品，并对化合物制备及其作用机理进行研究，从而进一步提升产品的附加值。绿色化学与工艺方向主要是：针对化学化工产业中，对环境产生污染的问题加以控制，以改善工业生产中的污染，尽可能地降低工业本身对自然和社会环境的影响，体现可持续发展的意义。功能高分子方向是：根据应用领域（包括航空航天、印制线路板、高功率电机、卫星、高铁、汽车、环保、光电信息、医药化工、石油钻采与加工、建筑与装饰等）的性能要求，设计功能高分子材料的分子结构，优化合成路线和加工工艺，突破性能表征技术，制得综合性能优异的功能高分子材料（如树脂、纤维、橡胶、薄膜、涂料、胶黏剂、复合材料、电气绝缘材料等）。

第一节　精细化学品实验

精细化学品（Fine Chemicals）是指那些具有特定的应用功能、技术密集、商品性强，产品附加值较高的化工产品。生产精细化学品的化工企业，通称精细化学工业（Fine Chemicals Industry），简称精细化工。所谓精细化学品是相对通用化工产品或大宗化学品（一些应用范围广泛、生产中化工技术要求高、产品量大的产品，如石油化工中的塑料、合成纤维及合成橡胶三大合成材料为大宗化学品）而言。

精细化学品的研究和应用领域十分广阔，在量和质上的基本特点是小批量、多品种、特定功能和专用性质。精细化学品的全生产过程除了化学合成（包括前处理和后处理）外，还涉及剂型（制剂）和商品化（标准化）两部分，精细化学品主要有以下五个特点。

（1）具有特定功能。对于任何一种化学产品来说，都有各自的性能。例如：化肥是作为植物的营养剂；塑料则具有一定的强度，耐酸、耐腐蚀；与这些大宗化工产品的性能不同，精细化学品则需要具有特定的功能，即应用的对象比较狭窄，专用性强而通用性弱。

如塑料阻燃剂就是为了阻止塑料的燃烧，食品香料就是为了食品的调味；酸性染料只能用于丝绸、羊毛、尼龙及皮革的染色；表面活性剂根据结构而用于分散、乳化、固色等；医药更是如此，大众用的阿司匹林专门用于解热镇痛，农药用的七氟聚酯专门用于土壤杀虫，等等。

（2）技术密集程度高。首先反映在研究开发的高投资上，精细化工产品具有更新换代快、市场寿命短、技术专利性强、市场竞争激烈等特点。另外由于应用对象的特殊性，很难采用单一的化合物来满足要求，于是配方的研究起着决定性因素。如电子纸是由电子墨水微胶囊中的电泳液组成，其主要成分以电泳粒子为主，配以分散介质、染料、电荷控制剂和稳定剂等，配方中会涉及几种甚至十几种组分，开发电子墨水微胶囊技术涉及粒子的制备技术、胶囊的制备技术等。粒子制备技术，往往涉及合成技术、分离技术等，涉及的技术知识包括无机化学、有机化学、物理化学、分析化学、材料化学、化工分离、电化学、电子信息等多学科领域，反映出精细化学品的技术复杂、技术含量高。

（3）小批量、多品种。相对于大宗化工产品而言，精细化学品批量小但品种多。批量小是由于应用的特定性能，往往需求量不大，如食品添加剂，用量是 10^{-6} 克，医药原料药，患者服用的西药也是以毫克计；染料在纺织品上染色时其质量不过是织物质量的3%～5%。所以对于每一个具体品种来说，其产量就不可能很大。

（4）销售利润高，附加值高。附加值是指在产品的产值中扣除原材料税金、设备和厂房的折旧费后剩余部分的价值。这部分价值是指当产品从原材料开始经加工到产品的过程中实际增加的价值，包括利润、工人劳动、动力消耗及技术开发等费用。精细化学品的附加值与销售额的比率在化学工业的各大部门是最高的。

（5）生产流程复杂，产品周期短，更新换代快，多采用间歇式生产工艺。以精细化学品中的有机精细化学品为例，往往需要多步反应。精细有机合成往往按照引入同一类取代基定义某种单元反应，如引入卤素、硝基、磺酸基等的反应分别叫卤化、硝化和磺化单元反应等，通常将所有精细有机合成反应分成 12 个单元反应，精细有机化工产品涉及的单元反应很多，如任何一种合成原料药都要几步甚至几十步反应。虽然生产流程较长，但规模小，单元设备投资费用低，需要精密的工程技术。

本书从实验 1 至实验 13 列举了部分精细化学品的合成原理、方法及适用的检测方法。

实验 1　表面活性剂在金属清洗液中的应用

一、实验目的

（1）掌握金属清洗液的配制方法。

（2）理解清洗液的复配原理及配方中各组分的作用。

二、实验原理

金属清洗液主要分酸性、碱性、有机溶剂基与水基清洗液等，同时配以适当的表面活性剂，使其具有去污、润湿、渗透、增溶、起泡、乳化及分散等各种作用，以提高清洁效果。

被清洗的金属物件有板型、机件等，其污垢及组成也很复杂，因此所使用的清洗方法多以化学和物理相结合的方法。在金属加工中，为了防锈，在机件表面往往都涂有油，因此在金属表面会产生油垢，对电镀、焊接等后加工带来不利，一般来说碱洗主要是祛除油垢。本实验主要以碱为主要洗剂，配加一些表面活化剂及其他添加剂，用以清除铜金属表面的油污。

三、实验材料和仪器设备

1. 实验材料

十二烷基苯磺酸钠（ABS，AR）、脂肪醇聚氧乙烯醚硫酸钠（AES）、辛基磷酸酯、氢氧化钠（AR）、碳酸钠（AR）、三聚磷酸钠（AR）、六偏磷酸钠（AR）、乙二胺四乙酸二钠（EDTA-2Na，AR）偏硅酸钠（AR）。

2. 仪器设备

润湿角测定仪（型号：JC2000C1，厂商：上海中晨数字技术设备有限公司）。250 mL 烧杯、镊子等。

四、实验内容

1. 配方

表 3-1　配方表　（g）

药品	配方 1	配方 2	配方 3	配方 4
十二烷基苯磺酸钠	1			0.5
脂肪醇聚氧乙烯醚硫酸钠		1		
辛基磷酸酯			1	0.5
氢氧化钠	1	1	1	1
碳酸钠	0.5	0.5	0.5	0.5
三聚磷酸钠		1		
六偏磷酸钠			1	
乙二胺四乙酸二钠	0.5			0.5
偏硅酸钠	1.5	1.5	1.5	1.5
水	95	95	95	95

2. 操作步骤

（1）清洗液配制：将95 g水放入250 mL烧杯中，加入NaOH和Na_2CO_3，待其溶解后，加入其他组分，并加热至45~50 ℃，使之全部溶解。

（2）清洗实验：将沾有油污的金属块，放入上述洗涤液中，静置3 min，用镊子夹出，然后用自来水冲洗，看其表面是否充分润湿铺展，若接触角趋于“0”，则表示表面油污基本去净，否则继续放入清洗液中轻轻摇晃约2 min，取出再用自来水冲洗，看其效果，并用润湿角测定仪测定其润湿角，比较各种配方取得的效果。

五、实验结果与讨论

（1）分别记录清洗液水洗时间和清洗后的润湿角。

（2）叙述配方中各组分的作用。

（3）比较各配方之间的差别，讨论各配方的优缺点。

六、思考题

（1）偏硅酸钠在清洗液中起什么作用？

（2）被洗油污种类对同一种洗涤液的洗涤效果有影响吗？为什么？

七、实验注意事项

（1）络合剂EDTA-2Na、三聚磷酸钠、六偏磷酸钠应先于AES、ABS放入水中。

（2）烧碱为强腐蚀性化学药品，使用时注意安全。

建议本实验每组1人，4学时。

实验 2　冬青油的制备

一、实验目的

(1) 学习酯化反应的基本原理和基本操作。

(2) 学习有机回流装置的原理和操作。

(3) 学习有机分液的原理和操作。

二、实验原理

1. 主要性质和用途

冬青油，化学名称为邻羟基苯甲酸甲酯，结构式为：

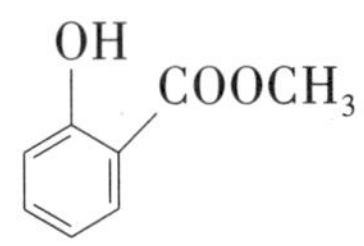

本品是一种无色至淡黄色透明的液体，具有较浓的酯香味，不溶于水，溶于乙醇、乙醚、丙酮等有机溶剂。冬青油常用作涤纶织物染色的载体，也是香料生产的中间体。

2. 合成原理

水杨酸在浓硫酸催化作用下，与甲醇发生酯化反应，生成水杨酸甲酯，反应式如下：

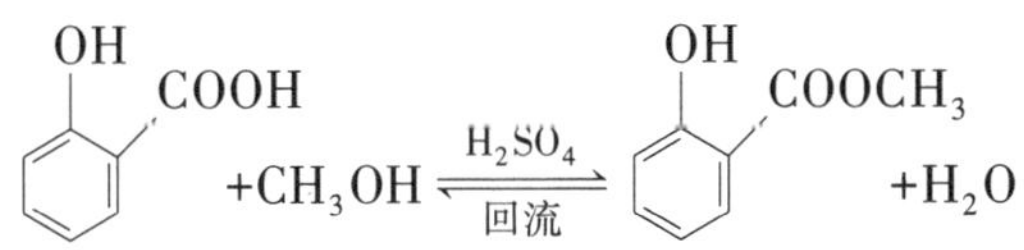

酯化反应为可逆反应过程，随着酯化反应的进行，会产生一定数量的水，阻碍反应的延续，本实验通过分批滴加过量的甲醇来提高酯的产量。

三、实验材料与仪器设备

1. 实验材料

水杨酸（AR）、甲醇（AR）、浓硫酸（AR）、氢氧化钠（AR）。

2. 仪器设备

搅拌器、三口烧瓶、回流冷凝器、分液漏斗等。

四、实验内容

在 250 mL 三口烧瓶中，加入水杨酸 50 g，甲醇 40 mL，轻轻振摇烧瓶，使水杨酸溶于甲醇中，然后再在振摇下慢慢滴入浓硫酸 12 mL，装上带有干燥管的回流冷凝管，强力搅拌下加热至出现回流现象（约 75 ℃），保持回流状态 2 h；然后将体系升温至 90 ℃，保持 30 min；降温至 75 ℃再加入甲醇 10 mL，继续反应 1. 5 h，再升温至 90 ℃，保持 30 min，然后再加甲醇 10 mL，继续反应 1. 5 h 后，将体系溶液移至分液漏斗内冷却静置，分层，样品用 15%烧碱溶液碱洗至中性，水洗两次，称重计算收率（%）。

五、实验结果与讨论

(1) 产物为淡黄色油状液体。

（2）产物理论转化率约65%。

六、思考题

（1）反应中途为什么需要追加甲醇，有什么实验方法可以改进？

（2）碱洗的目的是什么？

（3）涤纶织物拉毛剂中有冬青油成分，试问它起了什么作用？

七、实验注意事项

（1）反应必须在回流温度下进行。

（2）本实验需用到浓酸浓碱，操作时需小心，不可直接触及身体的任何部位。

（3）实验后处理时须在低温下进行，且缓慢加入，以免引起产物的水解，降低产率。

建议本实验每组1人，6学时。

实验 3　柔软剂 TS-801 的合成

一、实验目的

（1）了解烷基伯胺与环氧化合物的反应特征，掌握放热反应体系的合成技巧。

（2）掌握织物柔软性能的测试方法。

二、实验原理

1. 主要性质和用途

柔软剂 TS-801 是一种白色乳状液制品，溶液 pH 值为 7~7.5，含固量约 10%~20%，呈弱阳离子性，能与阳离子、非离子体系复配使用，主要用于棉、涤/棉织物的柔软后整理，与阳离子抗静电剂 SN（十八烷基二甲基羟乙基季铵硝酸盐）复配后，可用于腈纶长毛绒的柔软整理。

2. 合成原理

烷基伯胺是一种碱性化合物，环氧化合物与碱性胺类化合物作用时，环氧环开环，从而形成烷醇胺，并产生大量的热，反应式如下：

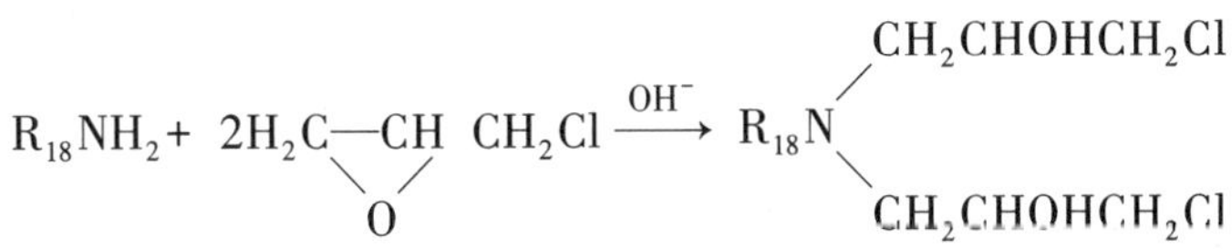

三、实验材料和仪器设备

1. 实验材料

十八烷基伯胺（≥90%）、环氧氯丙烷（AR）、冰醋酸、烷基聚氧乙烯醚（平平加 O），脂肪醇聚氧乙烯醚（JFC）、pH 试纸。

2. 仪器设备

织物硬挺度测试仪（厂商：SDL-Atlas 公司）、搅拌器、三口烧杯、冷凝管等。

四、实验内容

在干燥的三口烧瓶中加入 14 g 十八烷基伯胺，缓慢升温到 60±2 ℃，待十八胺完全熔化后，在搅拌中滴加 8 g 环氧氯丙烷，控制滴加速度，保持反应温度在 58~62 ℃之间，当温度上升速度较快时，停止滴加，同时用冷却水冷却，滴加完毕，在 65 ℃下保温 3 h，结束反应。相同温度下往体系中分批加入 3 g 平平加 O，继续搅拌 20 min，提高搅拌速度，强力搅拌下缓慢加入 65~70 ℃的水 225 mL，乳化 30 min，然后用 20% 醋酸中和至 pH 值为 6.5~7.0，趁热将产物倒入 250 mL 烧杯备用。

准确称取上述乳液 5 g，加入 200 mL 水中，并加入 0.2 g JFC（渗透剂），制得柔软整理液。沿经向剪取布样 6 块，每块 20 cm×3.5 cm，3 块经上述整理液两浸两轧（压力 0.1 MPa），另 3 块浸轧水作空白对照，于 120 ℃ 烘干。将处理后的布样在硬挺度仪上测试硬挺度，并比较差别。

五、实验结果与讨论

(1) 记录样品和空白样伸出斜面的长度。

(2) 比较样品和空白样品的柔软性差异。

六、思考题

(1) 醋酸在本试验中的作用是什么?

(2) 为什么柔软剂 TS-801 具有一定的耐洗性呢?

(3) 反应温度过高为什么会导致柔软剂乳液不稳定?

七、实验注意事项

(1) 反应温度一定要控制好,一般不超过 70 ℃,否则乳液不稳定。

(2) 乳化时的水温一般要大于或等于反应体系的温度。

建议本实验每组 1 人,6 学时。

实验 4　十四醇琥珀酸单酯磺酸钠的合成及性能测试

一、实验目的

(1) 掌握十四醇琥珀酸单酯磺酸钠的合成原理和合成方法。

(2) 了解表面活性剂泡沫性能测试方法。

二、实验原理

脂肪醇琥珀酸单酯磺酸钠具有表面活性好，起泡力、稳泡性高，润湿和乳化力强等特点，尤其是对皮肤的低刺激性和低毒性逐渐受到人们的重视。产品广泛用于洗涤用品、化妆品和纺织印染行业。其合成反应方程式为：

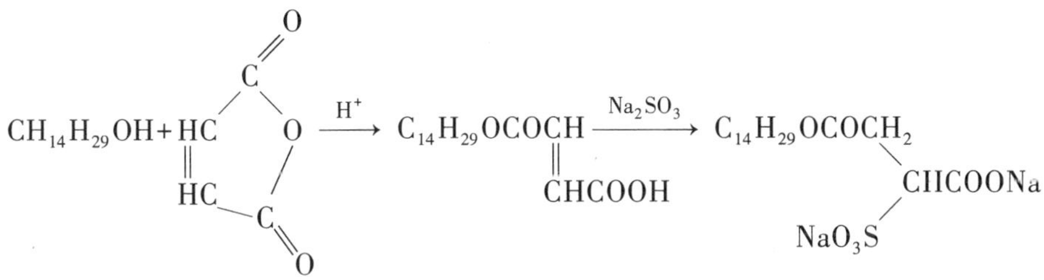

反应由酯化和磺化两步完成，选用 $ZnCl_2$ 作催化剂在酸性条件下酯化。

三、实验材料和仪器设备

1. 实验材料

十四醇（CP）、顺丁烯二酸酐（AR）、无水亚硫酸钠（AR）、氯化锌（AR）、十二烷基硫酸钠（CP）。

2. 仪器设备

泡沫测定仪、搅拌器、三口烧杯、冷凝管、具塞量筒、烧杯等。

四、实验内容

在装有电动搅拌装置的 250 mL 三口烧瓶中，加入 0.1 mol 的正十四醇，加热至 70 ℃后，向体系中加入 0.1 g $ZnCl_2$，在搅拌下，缓慢加入 0.105 mol 顺丁烯酸酐并使顺丁烯酸酐逐渐溶解，由于酯化反应为放热反应，因此加顺丁烯酸酐的速度要控制好，加入速率以维持体系恒温为佳，酯化反应 3 h。待酯化反应完成以后，将体系升温至 80 ℃，滴 1~2 滴辛醇作为阻聚剂。将预先配好的 Na_2SO_3 水溶液（11 g Na_2SO_3+100 g 水）缓慢倒入酯化瓶中并强烈搅拌，以防体系结块，磺化反应 2 h。

取 250 mL 水放入烧杯中，再称 4 g 上述反应液放入其中，将标准帆布试样放入此溶液中，记录试样从液面沉入烧杯底部所需时间，同样做一次空白实验。

取 250 mL 具塞量筒一只，放入 50 mL 水及 0.25 g 上述溶液，摇动 1 min，静置 2 min，测量泡沫高度，同样用 0.25 g 十二烷基硫酸钠，重复上述实验并比较差异。

五、实验结果与讨论

(1) 记录标准试样在溶液和水中的沉降时间，比较两者的区别并分析原因。

（2）比较合成样品和十二烷基硫酸钠的泡沫性能差异。

六、思考题

（1）影响酯化反应的因素有哪些？

（2）什么是抗氧化催化剂？举例之。

七、实验注意事项

（1）酯化反应所有药品和仪器必须干燥，任何水的存在将降低收率。

（2）加入亚硫酸钠水溶液时，控制搅拌速度，必须让体系成均相状态，因为随着加成反应的继续，产物溶解度增加易导致体系黏度骤增，从而产生结块，影响产品质量。

建议本实验每组1人，6学时。

实验 5　洗发香波的配制

一、实验目的

（1）掌握配制洗发香波的工艺。

（2）了解洗发香波中各组分的作用和配方原理。

二、实验原理

洗发香波的主要原料由表面活性剂和一些添加剂组成。表面活性剂分主表面活性剂和辅助表面活性剂两类。主剂要求泡沫丰富，易扩散、易清洗、去污性强，并具有一定的调理作用。辅剂要求既有增强稳定泡沫作用，洗后头发易梳理、易定型、光亮、快干，又具有抗静电等功能，与主剂具有良好的配伍性。

常用的主表面活性剂包括阴离子型的烷基醚硫酸盐，非离子型的烷基醇酰胺（如椰子油酸二乙醇酰胺等）。常用的辅助表面活性剂包括阴离子型的油酰氨基酸钠（雷米邦 A），非离子型的聚氧乙烯山梨醇酐单酯（吐温）以及两性离子型的十二烷基二甲基甜菜碱等。

香波的添加剂主要有：烷基醇酰胺增稠剂，聚乙二醇硬脂酸酯，羧甲基纤维素钠，氯化钠等。遮光剂或珠光剂有硬脂酸已二醇酯、十八醇、十六醇、硅酸铝镁等。螯合剂最常用的是乙二胺四乙酸二钠（EDTA-2Na）。常用的去头屑止痒剂有硫、硫化蛋白酸、水解蛋白、吡啶硫酮锌和维生素等。

三、实验材料和仪器设备

1. 实验材料

脂肪醇聚氧乙烯醚硫酸钠（AES）、脂肪酸二乙醇酰胺（6501 尼诺尔）、硬脂酸已二醇酯、十二烷基苯磺酸钠（ABS，AR）、十二烷基二甲基甜菜碱（BS-12）、羊毛脂衍生物、柠檬酸(AR)、氯化钠(AR)、香精、色素。

2. 仪器设备

旋转黏度计（型号：DV2TLV；厂商：美国 Bookfield 公司）、烧杯、水浴锅等。

四、实验内容

1　配方见表 3-2，同学们可自选。

表 3-2　洗发香波的参考配方　（wt %）

名称	配方 1	配方 2	配方 3	配方 4
脂肪醇聚氧乙烯醚硫酸钠	8.0	15.0	9.0	4.0
二乙醇酰胺	4.0		4.0	4.0
十二烷基二甲基甜菜碱	6.0		12.0	
十二烷基苯磺酸钠	2.0			15.0
硬脂酸乙二醇酯			2.5	
聚氧乙烯山梨醇酐单酯（吐温）		9.0		

（续表）

名称	配方 1	配方 2	配方 3	配方 4
柠檬酸	适量	适量	适量	适量
苯甲酸钠	1.0	1.0		
氯化钠	1.5	1.5		
色素	适量	适量	适量	适量
香精	适量	适量	适量	适量
去离子水	余量	余量	余量	余量
	调理香波	调理香波	珠光调理香波	透明香波

2. 操作步骤

（1）将去离子水称量后加入 250 mL 烧杯中，将烧杯放入水浴锅中加热至 60 ℃；

（2）加入 AES 并不断搅拌至全部溶解，温度控制在 60~65 ℃；

（3）保持水温 60~65 ℃，在连续搅拌下加入其他表面活性剂至全部溶解，再加入羊毛脂、珠光剂和其他助剂，缓慢搅拌使其溶解；

（4）降温至 40 ℃以下加入香精、防腐剂、染料、螯合剂等，搅拌均匀；

（5）测 pH 值，用柠檬酸调节 pH 至 5.5~7.0；

（6）接近室温时加入食盐调节到所需黏度，并用黏度计测定香波黏度。

五、实验结果与讨论

（1）测试各配方洗发香波的黏度。

（2）比较各配方之间的差别，讨论各配方的优缺点。

（3）叙述配方中各组分的作用。

六、思考题

（1）洗发香波的配方原则有哪些？

（2）洗发香波配制的主要原料有哪些？为什么必须控制洗发香波的 pH 值？

（3）可否用冷水配制洗发香波？如何配制？

七、实验注意事项

（1）用柠檬酸调节 pH 值时，柠檬酸需配成 50%的溶液。

（2）用食盐增稠时，食盐需配成 20%的溶液。食盐的加入量不得超过 3%。

（3）加硬脂酸乙二醇酯时，温度控制在 60~65℃，且慢速搅拌，缓慢冷却，否则体系无珠光。

建议本实验每组 1 人，6 学时。

实验 6　分散剂 BX 的合成及应用

一、实验目的

掌握芳香族化合物的烷基化和磺化技术。

二、实验原理

萘作为芳香族化合物，与苯相似，能和其他化合物发生取代反应，如硝化、磺化、烷基化、卤化等。本实验就是将萘在浓硫酸存在下与丁醇反应生成丁基萘，同时发生磺化，生成二丁基萘磺酸，再用烧碱中和得最终产物二丁基萘磺酸钠，俗称“拉开粉”，商品名称为分散剂 BX。有关化学反应过程如下：

1. 烷基化

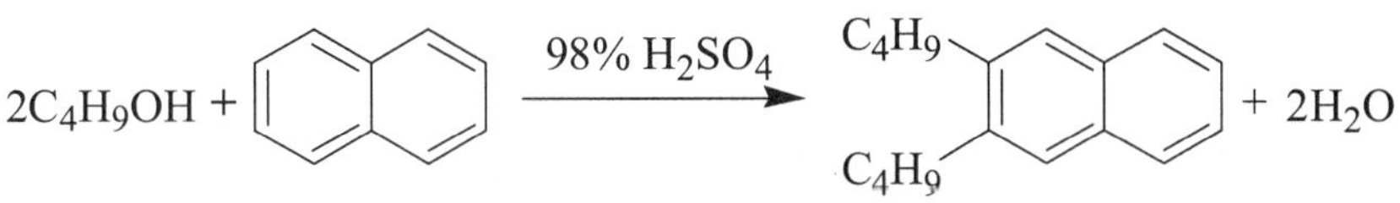

2. 磺化

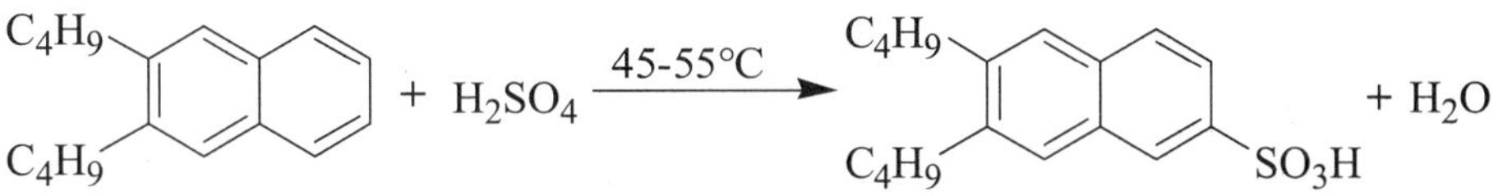

3. 中和

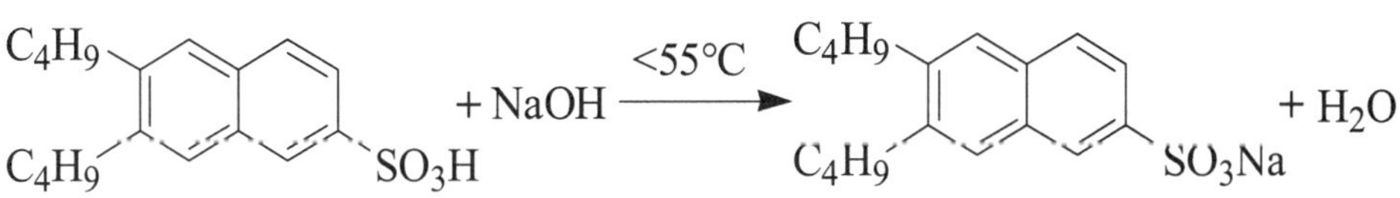

三、实验材料与仪器设备

1. 实验材料

正丁醇（AR）、萘（AR）、仲辛醇（AR）、浓硫酸（AR）、NaOH（30%水溶液）。

2. 仪器设备

四口烧瓶、搅拌器、恒温水浴锅、烧杯等。

四、实验内容

1. 2,3-二丁基萘磺酸钠的合成和鉴定

在 250 mL 四口烧瓶中分别装上搅拌器、温度计、回流冷凝管和滴液漏斗，加入精萘 10 g（0.078 mol）、正丁醇 16 mL（0.18 mol）、仲辛醇 1.8 mL（0.0113 mol），在滴液漏斗中加入 98%的浓硫酸 10 mL（0.18 mol）；将反应物在恒温水浴锅中加热至 40～45 ℃，缓慢滴加浓硫酸，控制滴加速度（约 30 min 滴完），使反应体系温度保持在 50 ℃以下。滴加完毕，在 55～58 ℃下催化酯化 3 h 之后，继续搅拌，滴加剩余浓硫酸 15 mL（0.275

mol)，继续磺化反应 3~5 h。将反应液移至分液漏斗中，静置 2~3 h，分离掉下层废酸（倒入废液缸中），加入 45 mL 水稀释并冷却至 40~45 ℃，用 30% NaOH 中和至体系 pH 值为 7~8。

2. 2,3-二丁基萘磺酸钠的渗透性实验

烷基萘磺酸钠为阴离子性表面活性剂，主要作为渗透剂和染色用分散剂。测定表面活性剂的渗透力，常采用沉降法，沉降速度越快，证明渗透效果越好。具体实验步骤如下：

（1）将合成的拉开粉配制成 0.5%~1%的水溶液 500 mL 置于 600 mL 烧杯中；

（2）将未经过煮练的棉布剪成两块 3 cm×3 cm 的小方块，分别浸入温度为 20 ℃的拉开粉水溶液和空白液中；

（3）分别记录两块棉布完全沉降到液面以下所需的时间。

五、实验结果与讨论

记录试样和空白布样的沉降时间，比较两者的区别并分析原因。

六、思考题

（1）本实验主要涉及哪些反应？浓硫酸在反应中起什么作用？

（2）加入少量仲辛醇有什么作用？

（3）产物烘干是否可以在电热烘箱中进行？为什么？

七、实验注意事项

（1）注意反应温度，不能过高，防止浓硫酸起氧化作用。

（2）放入棉布时必须不接触器壁，以免妨碍沉降速度，影响实验结果。

（3）若棉布沉降太快，可稀释后再实验。

建议本实验每组 1 人，6 学时。

实验7　丝绸膨化抗皱剂的制备及性能测试

一、实验目的

（1）了解环氧氯丙烷与醇类的反应过程。

（2）熟悉织物折皱回复角的仪器测试方法。

二、实验原理

1. 主要性质和用途

丝绸抗皱剂是一种淡黄色的透明黏稠液体，pH=8，属非离子型，含量在35□2%，能与各种表面活性剂复配使用。主要用于真丝织物的抗皱整理，与二羟甲基二羟基乙烯脲树脂（简称：2D树脂）复配也能用于棉型人造纤维织物的防皱整理。

2. 合成原理

环氧氯丙烷和乙二醇在氢氧化钠的催化下，发生缩合反应，该反应是放热反应。反应方程式如下：

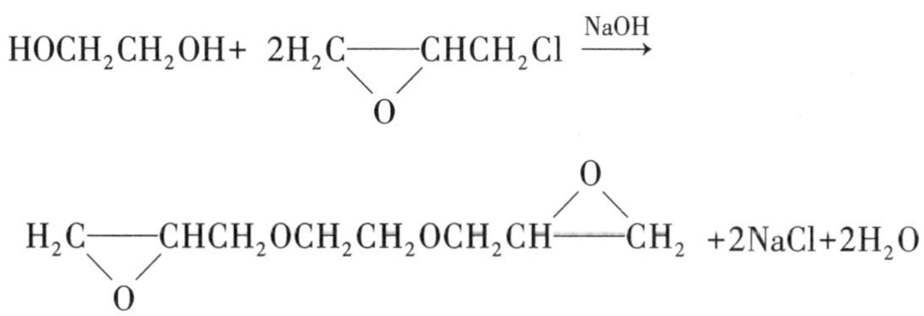

三、实验材料和仪器设备

1. 实验材料

乙二醇（AR）、环氧氯丙烷（AR）、氢氧化钠（AR）、无水氯化镁（AR）、pH试纸。

2. 仪器设备

轧车、织物折皱性能测试仪、三口烧杯、抽滤瓶、真空泵、搅拌器等。

四、实验内容

1. 丝绸膨化抗皱剂的合成

在三口烧瓶中加入20 g乙二醇，开启搅拌，升温至60 ℃，滴加70 g环氧氯丙烷（1 h内加完），同时滴加NaOH溶液（质量浓度为30%），以保证体系pH值为8左右，在滴加环氧氯丙烷过程中必须注意体系温度不可超过75 ℃。滴完环氧丙烷后，在75 ℃保温2 h，同时每隔20 min测一下体系pH值，若pH<8，再滴加几滴NaOH溶液，直至两次测定保持恒定，即pH=8。然后升温至90 ℃，保温3 h，再降温至40 ℃，产物用吸滤瓶过滤以去除副产物NaCl，称重，计算产率。

2. 抗皱性实验

产品加水配制成浓度约为35%的溶液，称取上述溶液36 g，于250 mL烧杯中加水164 g，加 $MgCl_2$ 2 g，配成丝绸抗皱剂整理液，将丝绸样品放入此整理液中浸轧一次，压力为 0.1 MPa，在 100 ℃下烘干，145 ℃焙烘 2 min，再用熨斗熨平，待测（24 h 后），用剪刀剪成如下形状：

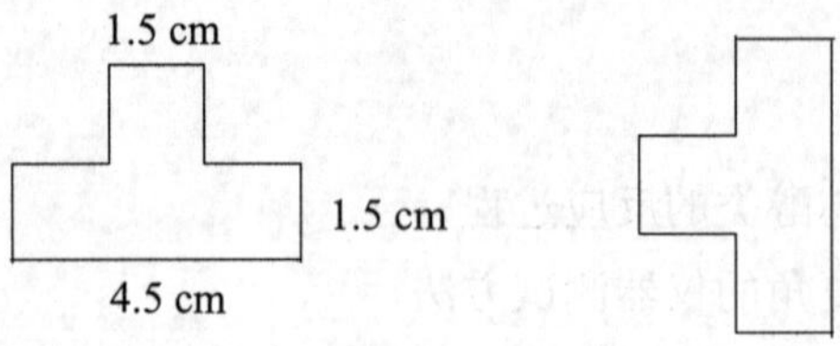

即可用仪器测试折皱回复角。

五、实验结果与讨论

（1）记录抗皱剂处理过的丝绸织物的经向和纬向的折皱回复角。

（2）记录空白丝绸样品的经向和纬向折皱回复角。

（3）比较空白样品和试样的折皱回复角，并以此判定所合成丝绸抗皱剂的性能。

六、思考题

（1）要彻底去除副产物 NaCl 可采用什么方法？

（2）丝绸织物为什么都会起皱？抗皱剂的抗皱机理是什么？

七、实验注意事项

（1）30%烧碱属于浓烧碱，腐蚀性很大，操作时格外小心，千万不要触及身体任何部位，尤其是眼睛。

（2）滴加环氧氯丙烷过程中切记注意体系温度，不要超过 75 ℃，局部过热都会使产品质量受到影响。

（3）碱与环氧氯丙烷必须同时滴加，控制反应体系的 pH 值在 8~8.5 范围内。

（4）控制反应温度，因为体系是放热反应，故反应温度不能过高（≤75 ℃），否则在高温碱性条件下环氧氯丙烷会发生均聚，从而导致实验失败。

建议本实验每组 1 人，6 学时。

实验 8　阴离子染料增深剂的合成与应用

一、实验目的

（1）掌握一种阴离子助剂的合成方法。

（2）熟悉助剂在织物染色中的应用。

二、实验目的

1. 主要性能和用途

阴离子染料染色增深剂为水溶性多环氧基阳离子化合物，为微黄色透明稠状物，pH 值为 7 左右，固含量为 20±2%，它可使阳离子基团引入纤维中，以显著改善阴离子染料的染色性能。

本品主要用于酸性、活性等阴离子染料的染色工艺，能显著提高阴离子染料的上染率和耐湿摩擦色牢度，同时可降低染色温度，节省能源。

2. 合成原理

二乙烯三胺与环氧氯丙烷反应，生成阳离子铵盐，反应式如下：

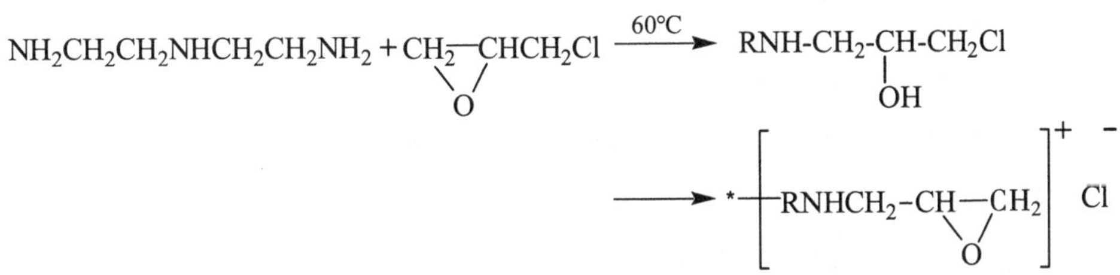

在使用中为使活性染料反应更容易进行，染色中往往加染色促进剂 NaSCN，因为 NaSCN 能与环氧化合物加成并转化为环硫醚。

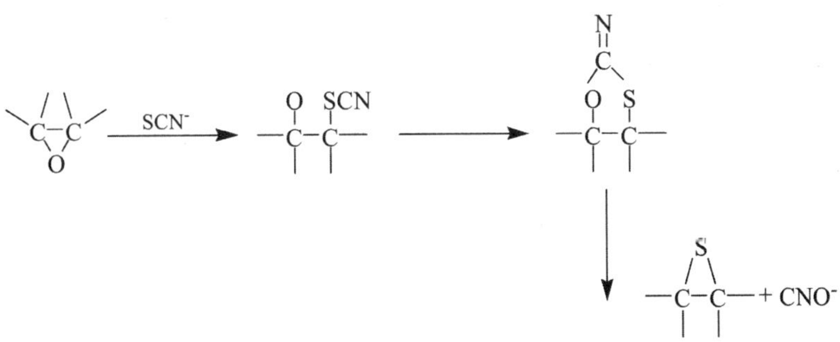

三、实验材料和仪器设备

1. 实验材料

二乙烯三胺（CP）、环氧氯丙烷（AR）、硫氰酸钠（AR）、活性染料、棉布。

2. 仪器设备

织物染色机（型号：TYPEIH-12F，厂商：台湾瑞比公司）、Datacolor 测色配色仪（型号：Datacblor-650，厂商：美国 DATACOLOR 公司）、三口烧瓶、烧杯等。

四、实验内容

1. 合成

（1）在 250 mL 三口烧瓶中放 15 g 二乙烯三胺，边搅拌边升温，当温度升至 60 ℃时，开始滴加环氧氯丙烷（27 g）左右，因为反应为放热反应，故必须控制温度，使反应温度始终控制在 60~65 ℃之间进行，滴加时间控制在 1 h 左右。

（2）当环氧氯丙烷已滴加至三分之二时，用 pH 值试纸测体系的 pH 值，若 pH 值>7 则继续滴加环氧氯丙烷，直至体系 pH 值为 7 时，停止滴加。在 60~65 ℃保温，体系 pH 值控制在 7~7.5（用环氧氯丙烷调节），保温 3 h 后用醋酸调节 pH 值至 6.5，加蒸馏水使产品固含量在 20%，冷却分料。

2. 性能试验

（1）在烧杯中放入 3 g 合成增深剂，100 mL 蒸馏水，0.4 g NaSCN，将 4 cm×4 cm 的棉布浸入数分钟，浸轧，在 80 ℃烘干，并在 100 ℃时焙烘 5 min，制得改性棉织物。

（2）另外在烧杯中放入 0.01 g 活性染料，并加入 100 mL 蒸馏水，溶解并加热至 40 ℃，作为染浴，将处理过的改性棉织物放入染浴中染色 20 min，水洗，烘干，同时做空白试验对照，比较两块布料颜色深浅。

五、实验结果与讨论

（1）观察试样和空白样染色前后的颜色。

（2）测定试样和空白样染色后的 K/S 值，比较两者的区别。

六、思考题

（1）此增深剂能用于丝绸染色吗？为什么？

（2）如织物增深过程与染色过程同浴进行会产生什么结果？

七、实验注意事项

（1）滴加环氧氯丙烷速度不宜过快，防止发生交联。

（2）严格控制反应体系的 pH 值。

（3）染色温度不能过高，以防上染速率过快而产生染色不匀现象。

建议本实验每组 1 人，6 学时。

实验9 表面活性剂乳液的制备及其乳化能力的评定

一、实验目的

（1）掌握转相乳化方法制备乳状液。

（2）理解表面活性剂的乳化作用，掌握评价乳液稳定性的方法。

二、实验原理

两种互不相溶的纯液体中，如果加入某种表面活性剂，则形成具有一定稳定性的溶液，称之为乳状液，是一种液体分子分散于另一种不相混溶的液体中所形成的多相分散体系。乳状液中以液珠形式出现的那一相称为分散相，另一相连成一片，称为分散介质。表面活性剂具有极性基团和非极性基团，当它吸附在油水界面时就能降低界面自由能，并且形成一定强度的界面膜，以保护分散液珠不会进一步聚集，如果乳化剂与油相先混合均匀，然后加少量水制成 W/O 乳液，再继续加水，体系慢慢转变为乳白色，形成 O/W 乳液，此时体系的黏度会发生显著变化，此种乳化方法称转相乳化法，本实验用脂肪醇聚氧乙烯醚 AEO-3 和 AEO-9 作为乳化剂，分散相为矿物油，分散介质为水，通过目测和显微镜观察方法，对乳化剂进行评定，以了解乳化剂的乳化能力。

三、实验材料和仪器设备

1. 实验材料

AEO-3、AEO-9、白油（$10^{\#}$）。

$C_{12\text{-}18}H_{25\text{-}37}—O\left(CH_2CH_2O\right)_3H$、 $C_{12\text{-}18}H_{25\text{-}37}—O\left(CH_2CH_2O\right)_9H$。

（脂肪醇聚氧乙烯醚AEO-3） （脂肪醇聚氧乙烯醚AEO-9）

2. 仪器设备

粒径测定仪（型号：s3500，厂商：美国 MICROTRAC 公司）、显微镜（型号：80i，厂商：日本 NIKON）三颈瓶烧杯、表面皿等。。

四、实验内容

1. 乳液制备方法

（1）计算配量 100 g 含油相 10%的乳液所需试剂量。

表 3-3 乳液制备的参考配方

分散相	油相	10 号白油	10g		
分散介质	水相80g	乳化剂质量(共10g）	第一组/g	第二组/g	第三组/g
		$C_{12\text{-}18}H_{25\text{-}37}—O\left(CH_2CH_2O\right)_3H$	7.5	2.5	0
		$C_{12\text{-}18}H_{25\text{-}37}—O\left(CH_2CH_2O\right)_9H$	2.5	7.5	10

（2）称量并溶解乳化剂 AEO-9 于水中，盖上表面皿防止水分蒸发，AEO-3 置于放白油的三颈瓶烧杯中，把油相和水相预热至制备乳液所需的两相相同的温度（若油相中含有固体物质，则两相应预热至高于固体熔点 10 ℃的温度）。试验分 3 组进行。

（3）搅拌制备乳液，在室温条件下，调节电动机转速为 350 r/min 及以上，搅拌均匀油相物质，按下述步骤将水相加入油相中：

第一分钟：加入 5%的水相（滴加）5 mL 左右；

第二分钟：加入 50%的水相（滴加）50 mL 左右；

第三分钟：加入其余水相，维持搅拌 30 min，将制备好的乳液移入洁净干燥的具塞量筒中，备用。

2. 评价

（1）稳定性的评价：日光下，在不同时间观察具塞量筒中乳液所呈现的现象。

表 3-4　乳液稳定性评定表

乳液的稳定性/级	乳液所呈的现象
1	良好的均匀性
2	初步可见稠度不匀
3	向不均匀的清晰转化
4	初步可见相的分离
5	明显可见相的分离
6	两个相完全分离

（2）乳液制备好 20 min 后用滴管吸取乳液于载玻片上，用显微镜观测其外观形貌（为了便于观察，可在乳液中加入少量水溶性染料）。

（3）用乳液粒径仪测定乳液的粒径，分析乳液粒径的分布宽度。

五、实验结果与讨论

1. 稳定性

表 3-5　乳液稳定性测试汇总表

乳化剂	乳液所呈的现象	乳液的稳定性
混合Ⅰ（第一组） $C_{12-18}H_{25-37}—O\left(CH_2CH_2O\right)_3H + C_{12-18}H_{25-37}—O\left(CH_2CH_2O\right)_9H$		
混合Ⅱ（第二组） $C_{12-18}H_{25-37}—O\left(CH_2CH_2O\right)_3H + C_{12-18}H_{25-37}—O\left(CH_2CH_2O\right)_9H$		
（第三组） $C_{12-18}H_{25-37}—O\left(CH_2CH_2O\right)_9H$		

2. 粒径大小

表 3-6 乳液粒径测试汇总表

乳化剂	平均粒径
混合Ⅰ（第一组） $C_{12-18}H_{25-37}—O\left(CH_2CH_2O\right)_3H + C_{12-18}H_{25-37}—O\left(CH_2CH_2O\right)_9H$	
混合Ⅱ（第二组） $C_{12-18}H_{25-37}—O\left(CH_2CH_2O\right)_3H + C_{12-18}H_{25-37}—O\left(CH_2CH_2O\right)_9H$	
(第三组) $C_{12-18}H_{25-37}—O\left(CH_2CH_2O\right)_9H$	

六、思考题

（1）为什么混合乳化剂的乳化效果最好？

（2）加入阴离子表面活性剂对乳液稳定性会产生什么影响？

（3）乳化顺序是否使乳液特征发生改变，如何使乳状液颗粒最细？

七、实验注意事项

（1）观察 W/O→O/W 转相点，在转相时，必须提高搅拌器转速。

建议本实验每组 1 人，6 学时。

实验 10　阳离子表面活性剂的测定

一、实验目的

掌握一种阳离子表面活性剂的定量化学分析方法。

二、实验原理

本法使用试样季铵盐溶液作为滴定液，溴酚蓝（BPB）作为指示剂，二氯乙烷作为分相剂，滴定阳离子表面活性剂标准液，直到下层溶剂变为蓝色。在滴定中：

$$\text{R-OSO}_3\text{Na}+\text{BPB}+[\text{Q}]\text{X} \xrightarrow[\text{（蓝色水溶液）}]{\text{pH 值 9.8\sim12}} \text{R-OSO}_3\text{N}[\text{Q}]+\text{BPB}$$

在到达终点时：

$$\text{BPB}+[\text{Q}]\text{X} \xrightarrow[\text{（蓝色，溶于二氯乙烷）}]{\text{pH 值 9.8\sim12}} [\text{Q}]\text{BPB}$$

[Q]为阳离子表面活性剂；X 为卤素阴离子。

本法适用于分析阳离子活性物，如长链季铵盐和长链烷基吡啶盐，对 C_8 以下的低级烷基和水溶性差的长链烷基的阳离子表面活性剂不适用。

三、实验材料

1. 实验材料

阴离子表面活性剂标准液（3.0 mmol/L）、溴酚蓝溶液（0.05%的水溶液）、碳酸钠（10%的水溶液）、二氯乙烷（AR）、氯化钠（AR）。

2. 仪器设备

移液管、滴定管、锥形瓶等。

四、实验内容

1. 用季铵盐溶液作滴定液，溴酚蓝（BPB）作为指示剂，二氯乙烷作分相剂，滴定阴离子表面活性剂标准溶液直到下层溶剂变为蓝色。

2. 配制相当于 1.5 mmol/L 阳离子表面活性剂的试样溶液作为滴定液。

3. 用移液管取 5 mL3.0 mmol/L 十二烷基硫酸钠至锥形瓶，加 10 mL 蒸馏水、10%碳酸钠溶液 0.5 mL、0.5~2.0 g NaCl、7~8 滴 0.05%溴酚蓝溶液及 10 mL 二氯乙烷。

4. 在滴定管中加入试样溶液至刻度，边滴定边充分搅动锥形瓶，必要时加热以破乳，滴定到下层二氯乙烷层变为蓝色即达终点。

试样溶液中阳离子活性物浓度 X（mmol/L）为 $X=15/a$

试样溶液中阳离子表面活性剂含量 X'（%）为 $X'\%=X\times M/10^4$

式中：M—阳离子表面活性剂的分子量

　　　a—试样液的滴定量（mL）

五、实验结果与讨论

（1）$a=9.5\sim10.5$（mL）　$X'=0.05\sim0.045$（%）。

（2）叙述颜色变化原理。

六、思考题

（1）此分析方法的适应范围如何？何种组分对测定结果有影响？

（2）测定过程有无异常现象？实验结果的重复性将会如何？

（3）为保证测定结果的准确性在操作中应注意哪些问题？

七、实验注意事项

（1）准确配制标准液是实验成功的关键。

（2）注意溶液终点的颜色。

（3）重复性：同一分析者在同一仪器上相继两次测定所得结果之差不应超过平均值的1.5%。

（4）再现性：对相同样品，两个不同实验室所得结果不应超过平均值的3.00 %。

建议本实验每组1人，6学时。

实验 11　化妆品发蜡的制备

一、实验目的

掌握发蜡中各种成分的作用及其复配方法。

二、实验原理

发蜡和发油均属重油性护发用品。发蜡用于修整硬而不顺的头发，使头发保持一定的形状，并使头发油亮。发蜡的外观呈不透明的胶冻状或半凝固的油状。生产发蜡的原料主要是植物油或矿物油、石蜡、地蜡及凡士林等。为了改善其性能，常加入合成蜡和聚氧乙烯醚类非离子型表面活性剂，使之既能使头发定型，又对头发有滋润作用。

三、实验材料

1. 实验材料

十六醇聚氧乙烯（14）醚、矿物油、橄榄油、油醇、香精、JC-2 防腐剂、抗氧剂等。

2. 仪器设备

烧杯、搅拌棒等。

四、实验内容

1. 配方，同学可选择或自行设计

矿物油	3.0 g
油醇	5.0 g
橄榄油	7.0 g
十六醇聚氧乙烯（14）醚	7.0 g
香精	0.2 g
防腐剂	0.1 g
抗氧剂	0.1 g
蒸馏水	50~78 g

2. 配制

先将矿物油、油醇、橄榄油置于 150 mL 烧杯（1）中，搅拌 10 min 使其混合均匀后，加入十六醇聚氧乙烯（14）醚，搅拌 1.0~1.5 h，若十六醇聚氧乙烯（14）醚不溶解，可稍许加热使之溶解。另取 150 mL 烧杯（2）加入 55 g 蒸馏水，加热至温度与烧杯（1）相同，然后将水分批少量加入混合油相中（烧杯 1），继续搅拌使之混合均匀。取出烧杯冷却至 45 ℃，加入香精和防腐剂，搅拌均匀即可。

五、实验结果与讨论

（1）观察发蜡的外观，应为不透明的冻胶。

（2）比较所给配方与自行设计配方的区别，讨论各配方的优缺点。

（3）叙述配方中各组分的作用。

六、思考题

（1）本配方中为何一定要加抗氧剂?

（2）使头发光亮的成分是哪些?

七、实验注意事项

（1）体系黏度较大，需缓慢搅拌，速度<100 r/min。

建议本实验每组 1 人，6 学时。

实验 12　抗紫外线膏霜状护肤用化妆品的制备

一、实验目的

(1) 掌握膏霜状护肤用化妆品中各个主要成分的作用及复配方法。

(2) 制备一种膏霜状护肤用基础化妆品。

二、实验原理

就面部化妆品而言，一般分为基础化妆品、美容化妆品和特殊化妆品三大类。膏霜是一种代表性的传统化妆品，它可于皮肤表面形成一层均匀的皮脂薄膜，使皮肤免受外界环境刺激，同时供给皮肤适量的水分和油脂，起到滋润皮肤的作用，使皮肤保持柔软和弹性，可延缓皮肤衰老并维护皮肤健康，是一种主要的基础化妆品。按乳化类型，膏霜可大致分为水包油(O/W)型和油包水(W/O)型。雪花膏大部分为 O/W 型，但也有 W/O 型，而冷霜既有 O/W 型也有 W/O 型。

膏霜的主要成分有：油相成分、水相成分、乳化剂、防腐剂、抗氧剂及香精等。根据特殊需求，往往还需加入一些黏合剂、增稠剂、粉体及动植物有效成分提取液等。

油相成分主要为油脂、蜡、烃类、有机酸类、醇类等。它们在化妆品中的作用有：可使皮肤柔软、增加吸引力；隔离环境中各种刺激成分的侵入；调湿润肤、抑制皮肤水分的蒸发；防止皮肤干裂、粗糙；对皮肤渗透性好；能抑制皮肤炎症、促进剥落层表皮的形成和脱落等。有机酸还有调节膏霜 pH 值的作用，使之与皮肤的 pH 值相适应。一些合成脂及低级醇还是维生素、防腐剂、色素等的优良溶剂。水相成分主要为：能溶于水的化妆品成分。乳化剂按具体配方可选用阴离子型、非离子型、两性或特殊类型的表面活性剂，有时也可用阳离子型表面活性剂。防腐剂和抗氧剂主要是为了使产品有较长的保存期。香精的作用是优化他人的嗅觉。膏霜的配制实际就是制成一定稠度的乳状液。

三、实验材料

1. 实验材料

低分子量聚二甲基硅油、硬脂酸单甘油酯（Aldo-33）、无水羊毛脂、水杨酸丙酯、1-十六醇（AR）、硬脂酸（AR）、丙三醇（AR）、三乙醇胺（AR），对羟基苯甲酸乙酯（CY-1，CP）、各类香精。

2. 仪器设备

烧杯、水浴锅、搅拌器等。

四、实验内容

1. 配方

低分子量聚二甲基硅油	2.0 g
硬脂酸单甘油酯	6.0 g
无水羊毛脂	1.0 g
十六醇	0.7 g

水杨酸二丙酯	3.0 g
硬脂酸	4.0 g
甘油	2.0 g
三乙醇胺	0.9 g
对羟基苯甲酸乙酯	0.1 g
蒸馏水	80 g

2. 配制

将配方除水和香精以外的成分放入烧杯中，置于水浴锅上搅拌缓慢加热至 80 ℃溶化，然后在搅拌器连续搅拌下将 80℃的水缓慢加至烧杯中（在 1 h 内完成），并继续搅拌至成为光滑的膏状物为止。将烧杯从水浴锅中取出，继续搅拌 25 min 左右，加入少量香精，继续搅拌 25 min，冷却至室温，取出包装。

五、实验结果与讨论

（1）体验膏霜外观和手感，细腻光滑。

（2）测定所得膏霜的运动黏度，一般控制在 3 000~5 000 mm^2/s。

（3）叙述配方中各组分的作用。

六、思考题

（1）为什么许多化妆品均制成乳化体？乳化体化妆品有哪些优点？

（2）此配方中哪些成分是乳化剂？

（3）为什么香精不能在水相成分中同时加入？

七、实验注意事项

油脂类组分需事先搅拌均匀，再用温度相当的水慢慢滴入乳化，控制乳化速度。

建议本实验每组 1 人，6 学时。

实验 13 对甲基苯磺酸十六烷基酯的合成

一、实验目的

（1）了解烷基化试剂的制备过程。

（2）熟悉低温反应的方法。

（3）掌握重结晶分离提纯固体产品的方法。

二、实验原理

1. 主要性质和用途

对甲基苯磺酸烷基酯类是常用的烷基化试剂，可与含羟基或氨基化合物进行烷基化反应，提供烷基。本实验以对甲基苯磺酸十六烷基酯为例介绍合成方法，其结构式为：

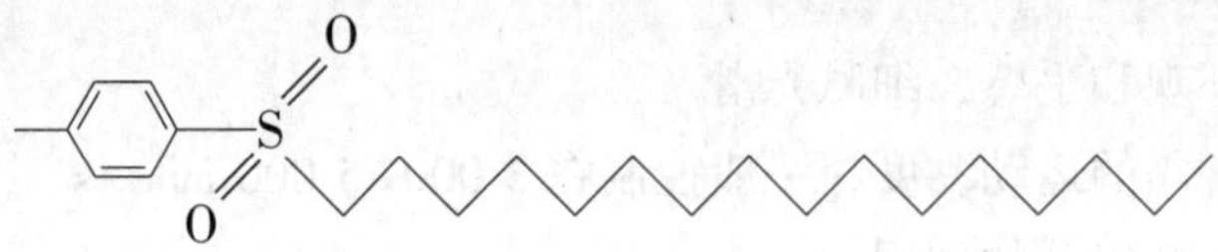

本品是一种白色的晶体，不溶于水，溶于氯仿、丙酮等有机溶剂。

2. 合成原理

十六醇和对甲基苯磺酰氯在三乙胺中，发生酯化反应，反应式如下：

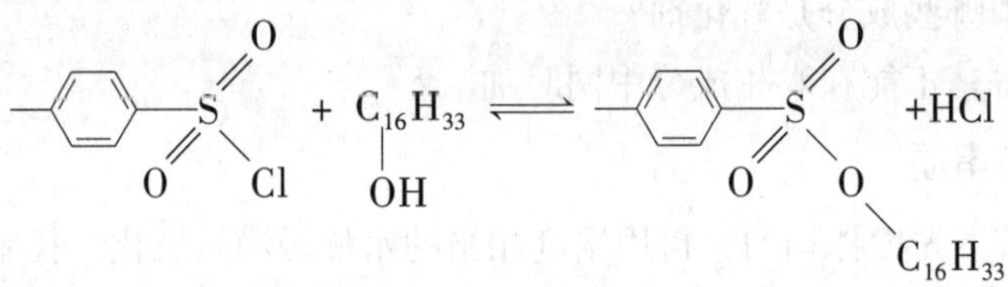

对甲基苯磺酰氯为非常活跃的酯化试剂，酰氯中的氯原子有吸电子效应，分子中的硫原子正电性较强，使酰氯更容易受到亲核试剂的进攻，可被烷基醇中的氧原子取代，而且 Cl^- 也是一个很好的离去基团。本实验采用对甲基苯磺酰氯与十六醇反应（醇解）合成对甲基苯磺酸十六烷基酯。反应中一般加入碱（如氢氧化钠、吡啶或胺）来催化反应，并吸收反应的副产物氯化氢。

三、实验材料和仪器设备

1. 实验材料

1-十六醇（AR）、对甲苯磺酰氯（CP）、三乙胺（AR）、石油醚（30~60 ℃）、甲醇（AR）、盐酸（比重 1.19）、冰。

2. 仪器设备

真空泵、三口烧瓶、搅拌器、布氏漏斗等。

四、实验内容

在 250 mL 三口烧瓶中加入十六醇 12 g 和 25 g 三乙胺，将烧瓶浸在冰水浴中充分冷却使混合物的温度降到 0 ℃。在此温度下于 20~30 min 内把 10.5 g 对甲基苯磺酰氯分批加入瓶中。混合物在 20 ℃以下继续搅拌 5 h 后，用 50 mL 盐酸（比重 1.19）和 150 mL 冰水配成的溶液稀释。结晶出的酯用冰冻过的布氏漏斗过滤并且尽可能吸干。将固体转移到 250 mL 烧杯中，加 50 mL 甲醇，然后在水浴中加热混合物直到酯熔化。再在不断搅拌下使其在冰水浴中慢慢冷却，酯化合物成很细的沉淀析出。用冰冻过的漏斗过滤，并置于通风厨中干燥 20 min（温度最好低于 20 ℃）。将粗品用石油醚（30~60 ℃）重结晶，重结晶时每 3 g 固体约使用 4 mL 石油醚溶解。溶液冷冻到 0 ℃，酯化合物用冰冻过的漏斗过滤。获得的产品置于表面皿上，放在通风厨内 30 min，使溶剂挥发，称重计算收率（%）。

五、实验结果与讨论

（1）注意观察对甲基苯磺酰氯的包装特点。

（2）认真记录各步的操作和实验现象。

（3）计算收率。

六、思考题

（1）本实验中使用三乙胺的作用是什么？

（2）本实验为什么要在低温下进行？

（3）本实验中粗产品在甲醇溶液中溶解、再冷冻的作用是什么？

七、实验注意事项

（1）本反应温度不能过高，尤其在加料时更要注意控制反应温度，待反应物全部加完后可让反应物自然升温，但不能超过 20℃。

（2）对甲基苯磺酰氯对皮肤和黏膜有刺激性，并引起迟发性深层疱疹和变态反应，操作时要小心。

（3）使用挥发溶剂时应注意在通风厨内进行。

建议本实验每组 1 人，6 学时。

第二节　绿色化学与工艺实验

绿色化学是一种更高层次的化学，是一种哲学思想。绿色化学工艺流程是一种对环境友好的化学过程，其目标是利用可持续发展的方法来降低维持人类生活水平及科学进步所需化学产品与过程所使用与产生的有害物质。

绿色化学的原则如下：

（1）提倡在污染源头防止污染产生；

（2）化学反应的设计应遵循“原子经济性”原则，即使反应物都转化为产物；

（3）化学反应的原料尽可能采用无毒或低毒物质，并且这些原料本身的生产也是环境友好的。尽量选用可自然再生的物质作原料；

（4）化学反应的产物应是无毒和环境友好的；

（5）化学反应所需的溶剂、催化剂和辅助剂都应是无毒物质，而且与环境相容；

（6）能量利用率应达到最高；

（7）化学合成路线尽量选择常温、常压、简单和可靠的方法。

本书从实验 14 至实验 28 列举了部分有关绿色化学及工艺实验的合成原理、方法及适用的检测方法。

实验 14　N,N-双羟乙基十二烷基酰胺的合成

一、实验目的

(1) 掌握烷基醇酰胺类非离子型表面活性剂的合成原理及其方法。

(2) 了解烷基醇酰胺类非离子型表面活性剂在工业上的应用。

(3) 掌握表面张力和泡沫性能的测定方法。

二、实验原理

N,N-双羟乙基十二烷基酰胺又名尼诺尔（Ninol），代号 FFA，商品名为净洗剂 6501，为非离子表面活性剂。烷基醇酰胺为无色或淡黄色黏稠液体。它无浊点，能使水溶液变稠，具有悬浮污垢作用、脱脂力强、对电解质敏感等特点，有一定的抗静电作用。

非离子型表面活性剂是含有在水中不解离的羟基并以它们为亲水基的表面活性剂。因其在溶液中不是离子状态，所以稳定性高，不易受强电解质及酸、碱的影响，与其他类型的表面活性剂相容性好，与水和有机溶剂相溶性好。由于酰胺键的存在，耐水解性好。

本品被广泛用作洗涤剂，钢铁防锈剂，除油脱脂清洗剂，织物柔软剂，以及抗静电剂，具有润湿和乳化等作用。

N，N-双羟乙基十二烷基酰胺是由 1 mol 月桂酸与 2 mol 二乙醇胺加热，通过发生酰胺化反应脱水而成，其化学反应式如下：

$$C_{11}H_{23}COOH+2NH(CH_2CH_2OH)_2 \longrightarrow C_{11}H_{23}CON(CH_2CH_2OH)_2+NH(CH_2CH_2OH)_2+H_2O$$

反应中有 1 mol 二乙醇胺并未参加反应，而是与缩合产物酰胺配合，形成可溶于水的配合物。

三、实验材料和仪器设备

1. 实验材料

月桂酸（CP）、二乙醇胺（AR）。

2. 仪器设备

表面张力仪（型号：JK99C，厂商：上海中晨数字技术设备有限公司）、搅拌器、冷凝管、分水器、250 mL 三口烧瓶、玻璃棒等。

四、实验内容

称取 40 g 月桂酸放入装有搅拌器、温度计、球形冷凝管、分水器的 250 mL 三口烧瓶中，搅拌并升温至 130 ℃，滴加 12 g 二乙醇胺，滴加完毕后在 130 ℃保温半小时，继续滴加 12 g 二乙醇胺，130 ℃反应 2~2. 5 h，用玻璃棒蘸取液体于 15 mL 水中，若呈透明状，则继续反应 1 h 后冷却至室温出料；若呈浑浊状则再继续滴加 6 g 二乙醇胺，反应 1 h 后冷却至室温出料。

配制质量百分比浓度为 1. 0%的上述样品水溶液，测定泡沫性能。配制质量百分比浓度为 0. 05%的上述样品水溶液，测定表面张力。

五、实验结果与讨论

(1) 记录样品的表面张力，并与纯水的表面张力进行比较。

(2) 分别测定样品与十二烷基苯磺酸钠的泡沫高度，比较两者之间泡沫性能的差异。

六、思考题

(1) 本实验除主反应外，还可能有哪些副反应？

(2) 烷基醇酰胺的用途有哪些？

(3) 非离子型表面活性剂有哪几类？

七、实验注意事项

(1) 反应在电加热套中进行，勿使电加热套沾水引起漏电事故。

(2) 高温反应需注意实验安全性。

建议本实验每组 1 人，6 学时。

实验 15　非硅双氧水稳定剂的制备及性能测试

一、实验目的

（1）熟悉自由基共聚反应的基本原理。

（2）掌握共聚反应的基本方法。

（3）学会助剂产品相关应用技术性能的测试方法。

二、实验原理

1. 主要性质和用途

在纺织品氧漂或退、煮、漂一浴法工艺中，一般在碱性介质中使用双氧水，双氧水在弱酸性或中性条件下比较稳定，在碱性条件下被活化，具有较强的氧化性，而重金属离子的存在使双氧水过早催化分解，不仅造成漂白液的失效，而且会使纤维损伤。因此，为了在氧漂或退煮漂一浴工艺中控制双氧水的分解，避免纤维损伤，并得到良好的漂白效果，除应控制好漂白液 pH 值外，还需加入减慢双氧水分解速度的助剂，这种阻止双氧水无控制地分解所添加的助剂称为双氧水稳定剂。

关于双氧水稳定剂的稳定机理主要有吸附理论和络合理论两种。胶团吸附理论主要是由高分子胶团通过静电或氢键吸附重金属离子而达到稳定的目的，而络合理论是通过多价螯合剂与金属离子发生螯合作用形成稳定的水溶性络合物，可使重金属不发生催化作用。

非硅双氧水稳定剂由丙烯酰胺和丙烯酸通过自由基共聚反应制得，化学式为：

$$H\left[\overset{H_2}{C}-\underset{CONH_2}{\overset{H}{C}}\right]_m\left[\overset{H_2}{C}-\underset{COOH}{\overset{H}{C}}\right]_n H$$

本品为透明黏稠液体，无毒、无臭、无腐蚀性，高温下耐碱性较差，与硫酸镁复配用于棉布双氧水漂白的稳定剂以取代硅酸盐。

2. 合成原理

由于丙烯酰胺、丙烯酸都为水溶性单体，所以一般都以水为溶剂进行溶液聚合，其聚合过程包括链引发、链增长和链终止三个单元反应。链引发就是不断产生单体自由基的过程，通过引发剂在一定温度下与单体作用加以完成。链增长反应就是极为活泼的单体自由基不断迅速地与单体分子加成生成大分子自由基，此过程活化能低，反应速度极快。链终止反应是由两个自由基相遇，活泼的单电子相结合而使链终止。

三、实验材料和仪器设备

1. 实验材料

过氧化氢（30%，AR）、硫酸镁（AR）、丙烯酰胺（CP）、丙烯酸（CP）、过硫酸铵（钾）（AR）、亚硫酸氢钠（AR）、高锰酸钾标准液（AR）、氢氧化钠（AR）。

2. 仪器设备

滴定仪、三口烧杯、量筒、烧杯等。

四、实验内容

1. 稳定剂的制备

（1）称取 8 g 丙烯酰胺放入 250 mL 三口烧瓶中，取 150 mL 蒸馏水溶解之，用 10 mL 量筒量取 4 mL 丙烯酸倒入三口烧瓶中。

（2）称取 0.02 g 亚硫酸氢钠置于 50 mL 烧杯中，再取 20 mL 蒸馏水溶解之，取二分之一加入上述三口烧瓶中，剩余的亚硫酸氢钠溶液置于烧杯中备用。

（3）称取 0.04 g 过硫酸铵（钾）置于 50 mL 蒸馏水中溶解、备用。

（4）将三口烧瓶放入水浴锅中加热至 60 ℃恒定，滴加配制的过硫酸铵（钾）溶液至温度自行上升（反应放热），维持在 60~65 ℃，半小时内将剩余亚硫酸氢钠溶液与过硫酸铵（钾）溶液滴完，保温 1 小时，升温至 80 ℃ 再保温 1 小时，冷却至 50 ℃加 1 g 硫酸镁，搅拌均匀，用 30%氢氧化钠溶液中和至 pH 值=7。

（5）称取 3 g 上述高分子胶体，放入 250 mL 烧杯中，再加氢氧化钠 2.5 g，自来水 200 mL，30%双氧水 1 mL，升温至 90~95 ℃保温，每隔 20 min 取 10 mL 溶液（时间分别为 20 min，40 min 和 60 min），迅速冷却待测，若双氧水分解到一半浓度时所需时间越长，则稳定剂的稳定效率越高。

2. 双氧水浓度测试方法

在锥形瓶中加入待测的 10 mL 溶液，20 mL 蒸馏水，20 mL20% 硫酸混合，用 5.88 mmol/L 高锰酸钾标准溶液滴定至粉红色出现，并在 30 s 不褪色，记下 V（毫升数），$H_2O_2(g/L)=V\times0.001$。

五、实验结果与讨论

（1）数据整理。

表 3-7　95 ℃条件下双氧水的消耗

时间/min	20	40	60	20（空白）	40（空白）	60（空白）
$H_2O_2/(g\cdot L^{-1})$						

（2）分析数据，比较制备的样品和空白样品两者之间稳定性的差异。

六、思考题

（1）高聚物的凝聚一般包括哪两个作用？它们可能导致哪两个结果？

（2）硫酸镁在体系中起什么作用？

（3）此稳定剂能否在高碱浓度下应用？为什么？

七、实验注意事项

实验温度不能过高，控制引发剂用量。

建议本实验每组 1 人，6 学时。

实验16 4-甲基-7-羟基香豆素的合成

一、实验目的

(1) 掌握4-甲基-7-羟基香豆素的合成方法。

(2) 理解并掌握4-甲基-7-羟基香豆素的分离提纯方法。

二、实验原理

4-甲基-7-羟基香豆素是一个重要的荧光增白剂和紫外线吸收剂，其结构本身及其衍生物还可用作光稳定剂、荧光探针、抗氧化剂、抗菌剂、抗癌药物等。

间苯二酚和乙酰乙酸乙酯在1，4-二氧六环溶剂中，浓硫酸催化下，发生Pechmann反应，生成产物4-甲基-7-羟基香豆素。该产物在1，4-二氧六环中溶解度较低，加入冰水后溶解度进一步降低。据此可以从反应体系中以结晶的形式分离出来。

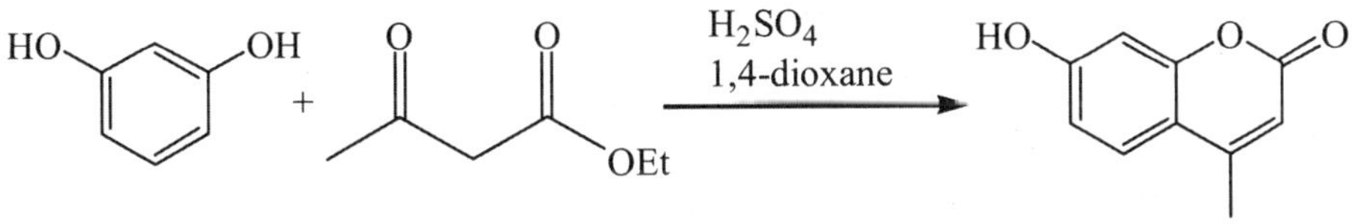

Pechmann反应是指在质子酸或路易斯酸催化下，由酚和β-酮酯合成香豆素类化合物的反应，其反应机理如下：

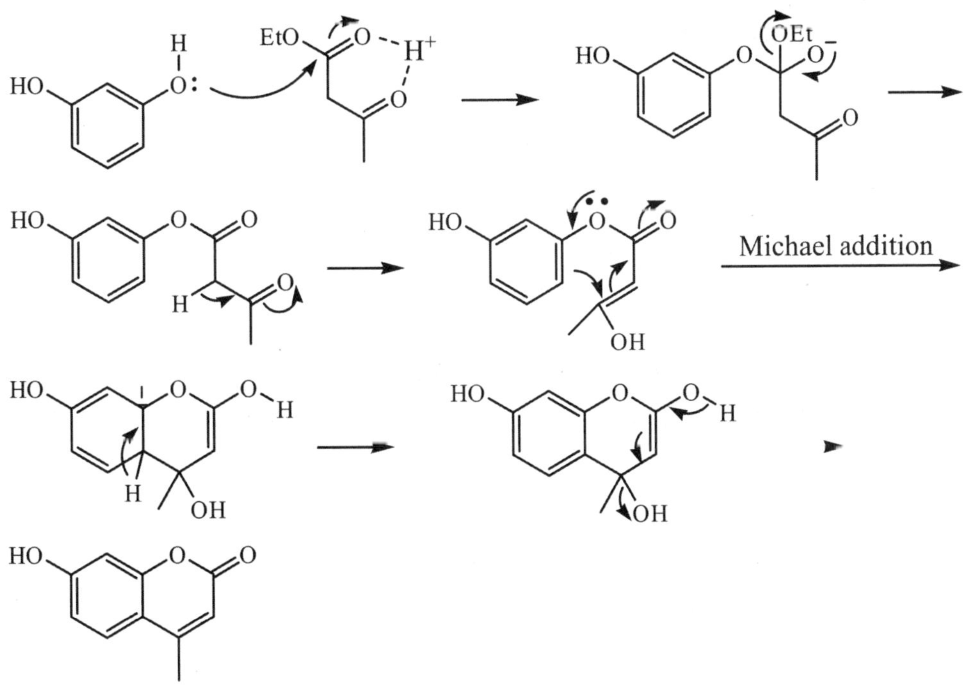

三、实验材料和仪器设备

1. 实验材料

间苯二酚（AR）、乙酰乙酸乙酯（AR）、1，4-二氧六环（AR）、浓硫酸（AR）、氢氧化钠（AR）、乙醇（AR）、冰。

2. 仪器设备

红外光谱仪（型号：Spectrum Two，厂商：英国 PERKINELMER）、熔点仪（型号：RY-1，厂商：上海棱谱仪器仪表有限公司）、搅拌器、三口烧瓶、冷凝管、滴液漏斗、布氏漏斗、烧杯等。

四、实验内容

实验内容包括反应装置的搭建、加料、进行合成反应以及反应产物的分离提纯。具体实验操作步骤为：

（1）投料及反应：在带有控温装置的磁力搅拌器上安装一个 50 mL 三口烧瓶，加上回流冷凝管和滴液漏斗。向瓶中加入 5.5 g（0.05 mol）间苯二酚，1，4-二氧六环（10 mL）和浓硫酸（1 mL），搅拌使其溶解，然后在室温下滴加乙酰乙酸乙酯（6.5 g，0.05 mol），5~10 min 内加毕。升温至 60 ℃，搅拌反应 3 h。

（2）产品分离提纯：将反应液倾入 50 mL 冰水中，即有固体析出。用布氏漏斗抽滤，得到的固体依次用 1∶1 的水-乙醇混合液（30 mL）、冷水（30 mL）洗涤。之后将所得固体溶解在 10%的氢氧化钠水溶液（30 mL）中，再用 10%的稀硫酸调节 pH=4，析出浅黄色固体。用布氏漏斗抽滤，固体粗产物用乙醇重结晶，得到白色晶体。

五、实验结果与讨论

（1）产品为白色晶体物质。

（2）计算产物的理论产率和实际产率。

（3）测试产物的熔点。

（4）测试产物的红外光谱图，分析各官能团的特征峰。

六、思考题

（1）红外光谱中吸收峰的产生源于化学键的振动，包括哪些振动形式？

（2）4-甲基-7-羟基香豆素的红外光谱图中应出现哪些特征吸收峰？归属为哪些键的何种振动形式？

（3）产物的纯化除了可以采用重结晶的方法外，还可以采用什么方法？

（4）本实验中使用浓硫酸作为反应的催化剂，此外还可以使用哪些催化剂代替浓硫酸进行催化？

七、实验注意事项

（1）实验所需 10%的稀硫酸预先配制好可以有效节省时间。

（2）浓硫酸为强腐蚀性化学药品，使用时注意安全。

建议本实验每组 1 人，6 学时。

实验 17　7-羟基-2-氧-2H-[1]苯并吡喃-3-羧酸乙酯的合成

一、实验目的

（1）掌握 7-羟基-2-氧-2H-[1]苯并吡喃-3-羧酸乙酯的合成方法。

（2）理解并掌握 7-羟基-2-氧-2H-[1]苯并吡喃-3-羧酸乙酯的分离提纯方法及基本表征手段。

二、实验原理

7-羟基-2-氧-2H-[1]苯并吡喃-3-羧酸乙酯，又可以简称为 7-羟基香豆素-3-羧酸乙酯，其结构本身及其衍生物表现出光致变色性能和多种生物活性，可用作荧光探针、抗氧化剂和抗菌剂等。

2,4-二羟基苯甲醛和丙二酸二乙酯在乙醇溶剂中，弱碱哌啶催化下，发生 Knoevenagal 反应及环合反应，生成产物 7-羟基-2-氧-2H-[1]苯并吡喃-3-羧酸乙酯。该产物在乙醇中溶解度较低，加入水后溶解度进一步降低，据此可以将产物从反应体系中以沉淀的形式分离出来。

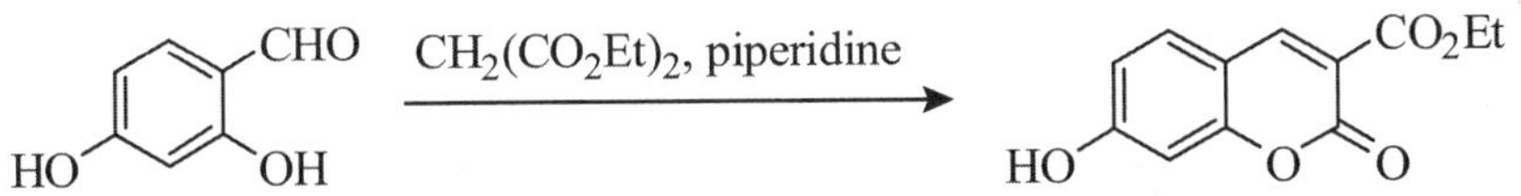

在哌啶催化下，由 2，4-二羟基苯甲醛和丙二酸二乙酯发生 Knoevenagal 反应及环合反应，最终生成产物 T-羟基-2-氧-2H-［1］苯并吡号喃-3-羧酸乙酯，反应机理如下：

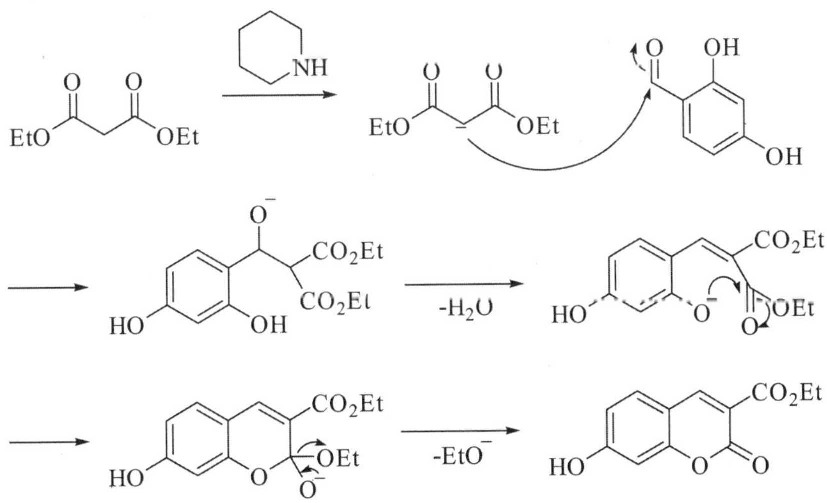

三、实验材料和仪器设备

1. 实验材料

2,4-二羟基苯甲醛（98 %）、丙二酸二乙酯（CP）、乙醇（AR）、哌啶（AR）、冰醋酸（AR）。

2. 仪器设备

红外光谱仪（型号：Spectrum Two，厂商：英国 PERKINELMER）、核磁共振波谱仪（型号：AVANCE Ⅲ 400MHz，厂商：德国 Bruker Biospin AG 公司）、熔点仪（型号：RY-1，厂商：上海棱谱仪器仪表有限公司）、磁力搅拌器、圆底烧瓶、冷凝管、布式漏斗、烧杯等。

四、实验内容

实验内容包括反应装置的搭建、加料、进行合成反应、反应产物的分离提纯及其结构确证。具体实验操作步骤为：

（1）投料及反应：在带有控温装置的磁力搅拌器上安装一个 100 mL 圆底烧瓶，加上回流冷凝管。向瓶中加入 5.0 g 2,4-二羟基苯甲醛、7.5 g 丙二酸二乙酯、50 mL 乙醇和几滴哌啶及冰醋酸，搅拌下加热至回流反应 5 h。

（2）产品分离提纯：将反应液冷却至室温，加入 50 mL 水，即有固体析出。用布氏漏斗抽滤，得到的固体用由水（60 mL）和乙醇（40 mL）组成的混合液洗涤，所得固体产物经空气干燥，得到亮黄色固体 6.0 g。

五、实验结果与讨论

（1）产品为亮黄色固体物质。

（2）计算产物的理论产率和实际产率。

（3）测试产物的熔点。

（4）测试产物的红外光谱图，分析各官能团的特征峰。

六、思考题

（1）7-羟基-2-氧-2H-[1]苯并吡喃-3-羧酸乙酯的红外光谱图中应出现哪些特征吸收峰？归属为哪些键的何种振动形式？

（2）产物的核磁共振氢谱中出现几组信号？归属为哪些氢？信号是否出现偶合裂分？如果有偶合裂分，偶合常数应如何计算？大约数值是多少？

（3）本实验中为何可以使用弱碱哌啶催化，而不需要使用强碱催化？

（4）除哌啶外，还可以使用哪些催化剂进行催化？

七、实验注意事项

（1）反应温度不要过高，维持回流即可。

（2）洗涤产物时尽可能少量多次洗涤，洗涤效果好。

建议本实验每组 1 人，6 学时。

实验 18　活性艳红 X-3B 的合成、纸色谱分析及其染色应用

一、实验目的

（1）熟悉活性染料的反应原理。

（2）掌握 X 型活性染料的合成方法。

（3）了解纸色谱分析原理。

（4）掌握活性染料染色方法。

二、实验原理

活性染料分子结构由母体染料和活性基团两部分组成。活性染料 X-3B 是一个二氯三嗪型活性染料（即 X 型），母体染料合成一般按酸性染料方法合成，再与三聚氯氰缩合，引进活性基团。若 1-氨基-8-萘酚二磺酸作为偶合组分，一般先将 1-氨基-8-萘酚二磺酸与三聚氯氰缩合，这样偶合反应完全发生在羟基邻位，避免了副产物。

反应方程式如下：

1. 缩合

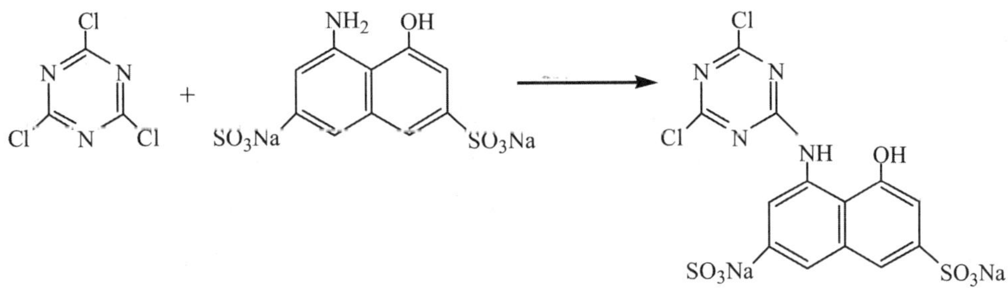

2. 重氮化

3. 偶合

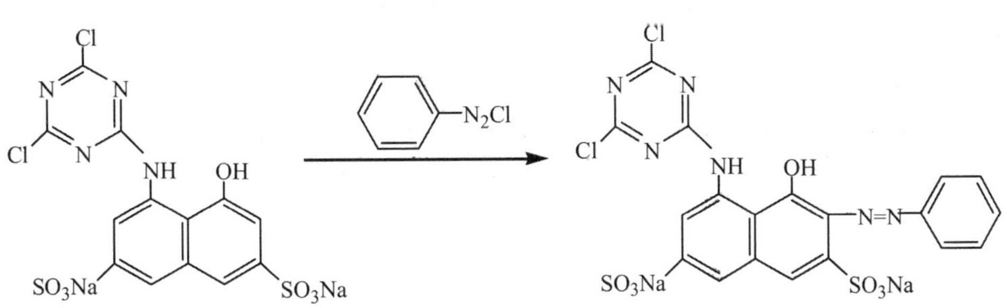

三、实验材料和仪器设备

1. 实验材料

1-氨基-8-萘酚二磺酸（H 酸，98%）、苯胺（AR）、三聚氯氰、盐酸、亚硝酸钠（AR）、碳酸钠（AR）、氯化钠（AR）、磷酸三钠（AR）、磷酸二氢钠（AR）、磷酸氢二钠（AR）、尿素（AR）、硫酸钠（AR）。

2. 仪器设备

制冰机，织物染色机（型号：TYPE Ⅰ H-12F，厂商：台湾瑞比公司）、测色配色仪（型号：Datacblor-650，厂商：美国 DATACOLOR 公司）、搅拌器、漏液漏斗、三口烧瓶、烧杯等。

四、实验内容

1. 染料的合成

缩合液制备：在装有电动搅拌器、滴液漏斗和温度计的 250 mL 三口烧瓶中加入 18 g 冰水混合物、3 g 三聚氯氰，0 ℃搅拌 30 min，然后在 1 h 内滴加 H 酸钠盐溶液（6 g H 酸和 30 mL 水）。加完后于 8~10 ℃搅拌 1 h，过滤，得黄棕色澄清缩合液。

重氮化：将 10 g 水和 4. 3 g 30%盐酸溶液倒入合适大小的烧杯中，加入 17 g 碎冰后，再加入 1. 5 g 苯胺，待温度为 5 ℃以下时，将含有 1. 2 g 质量分数为 30%的 $NaNO_2$ 溶液慢慢加入（15 min 内加完），滴加完毕后用淀粉碘化钾试纸检验其是否过量，保温 0. 5 h。

偶合：于大小合适的烧杯中加入上述缩合液和 3. 5 g 碎冰，0 ℃时一次加入重氮液，用质量分数为 20%的磷酸三钠溶液调节 pH 至 4. 8~5. 5。反应温度控制在 4~6 ℃，继续搅拌 1 h。加入 1. 0 g 尿素，随即用 20%碳酸钠溶液调节 pH 至 6. 8~7. 0。加完后搅拌 3 h。然后加入体积分数为 25%的食盐盐析，搅拌 1 h，过滤。最后，加入滤饼质量分数 2%的磷酸氢二钠、1%磷酸二氢钠，搅匀，过滤于 85 ℃干燥，称量，计算产率。

2. 纸色谱分析

配置展开剂：正丁醇、冰醋酸、水、N，N-二甲基甲酰胺以 11∶2∶10∶3 的体积比混合均匀，置于展皿中待用。

将烘干后所得染料配成浓度为 5 g/L 的溶液。将待分析染料溶液涂于滤纸一端的适当位置，然后将此端的边沿部分浸入展开剂中，展开剂顺滤纸向上流动。试样中各种物质因性质不同，移动速度亦不同，因而分布在滤纸的不同部位而相互分离。

3. 织物染色

用蒸馏水配置染料溶液（1 g/L），用移液管准确吸取规定量的染料溶液加入干净的染杯中，补足所需水量。按如下工艺对纯棉织物进行染色。

染色处方：

染料/%（o. w. f）	2
硫酸钠/$g \cdot L^{-1}$	5
纯碱/$g \cdot L^{-1}$	1. 5
浴比	1∶20

染色工艺：

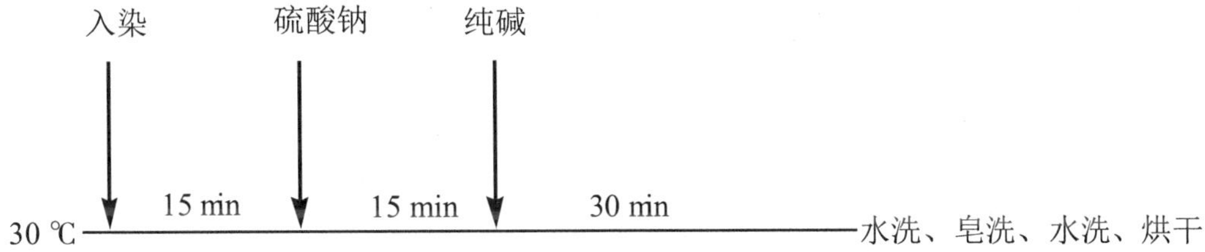

皂洗工艺：皂片 2 g/L，纯碱 2 g/L，浴比 1∶20，95 ℃，10 min，水洗，晾干。

五、实验结果与讨论

（1）观察染料合成过程现象，计算产率。

（2）测试染后织物的 *K/S* 值，分析染色结果。

六、思考题

（1）活性染料主要有哪几种活性基团及相应型号？

（2）盐析后加入磷酸氢二钠和磷酸二氢钠的目的是什么？

七、注意事项

（1）严格控制重氮化温度和偶合时的 pH。

（2）三聚氯氰与空气中水分会逐渐水解放出氯化氢，用后必须盖好瓶盖。

建议本实验每组 1 人，6 学时。

实验 19　2-苯基取代苯并噻唑的合成与荧光性能测定

一、实验目的

（1）了解荧光发射的基本原理和 2-苯基取代苯并噻唑衍生物的合成。

（2）掌握荧光分光光度计的基本操作和荧光光谱的测绘方法。

二、实验原理

1. 荧光发射的基本原理和特征

基态分子在吸收光子后可到达激发态，处于激发态的分子不稳定，会通过不同途径将能量耗散，再回到基态。其中荧光分子常常以荧光发射的形式辐射能量，从第一激发单重态回到基态。通常具有强荧光发射性质的分子都具有苯环等共轭结构。利用荧光发射的性质，可以进行物质的定性表征和定量检测。荧光法具有很高的灵敏度和选择性，现在荧光法已广泛应用于化学、化工、生物、医药、卫生、农业、轻工、冶金、地质以及环境保护等各个领域中，可以通过荧光法鉴别和测定的有机物、无机物、生物物质、医农药物、污染毒物等的数量与日俱增，它已成为化学工作者及其相关学科领域研究者必须掌握的重要测试手段之一。

荧光发射示意图：

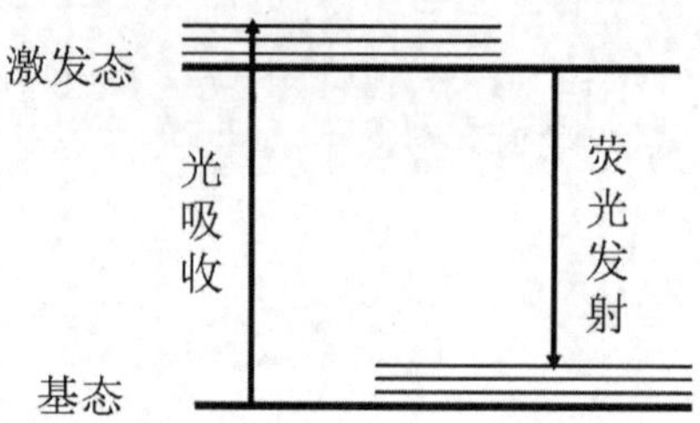

2. 苯并噻唑衍生物的合成与荧光性能

苯并噻唑衍生物是一类极其重要的杂环化合物，在医药上，它可以用作杀菌剂、杀霉剂等，还可以用于抗寄生虫、抗结核病、抗风湿病和抗癌等。在农业上，它具有抗农用真菌、杀虫、除草、植物生长调节等活性。在材料工程领域，它可以用作橡胶硫化促进剂、塑料染色剂、化妆品及太阳镜中的紫外吸收剂、液晶显示材料、发光材料以及荧光探针材料等。目前常用合成方法之一是通过醛与邻氨基硫酚先脱水缩合，再氧化的反应过程（如下图所示）。氧化后得到的 2-苯基苯并噻唑具有较大的共轭结构，因此具有较强的荧光发射性能。因此通过本法合成苯并噻唑衍生物的氧化步骤很关键，可以通氧气氧化或通过加入氧化剂氧化完成，本实验采用空气中氧气为氧化剂自然氧化。

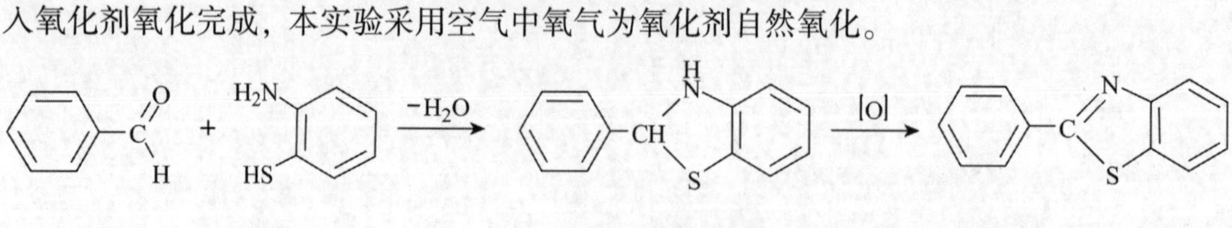

三、实验材料和仪器设备

1. 实验材料

苯甲醛（AR）、邻氨基苯硫酚（97 %）、氢氧化钠（AR）、乙醇（AR）、去离子水。

2. 仪器设备

荧光光谱仪（型号：FS-5，厂商：英国 Edinburgh Instruments 公司）。圆底烧瓶、磁力搅拌器、冷凝管等。

四、实验内容

1. 合成实验

（1）搭好回流实验装置，将 1 g 苯甲醛和 1. 2 g 邻氨基苯硫酚加入 100 mL 的圆底烧瓶中，用 20 mL 乙醇溶解，置于磁力搅拌的油浴中，装好回流冷凝管，升温至 80 ℃，回流 2 h。其间通过 TLC 点板法监测反应进程。

（2）降温至室温静置，或置入冰箱冷冻，即有大量固体析出。抽滤，并用少量乙醇洗涤，将所得粗产品溶于 15 mL 乙醇加热完全溶解，进行重结晶。可得 2-苯基苯并噻唑浅黄色针状晶体，称量计算产率。

2. 荧光性质测试

（1）溶液配置

称量 0. 2 g 所制备的 2-苯基苯并噻唑纯品，溶于 1 mL 乙醇中，转移至 25 mL 容量瓶中，利用稀氢氧化钠（0. 1 M）溶液定容。

（2）荧光光谱的测定

将上述溶液转移至荧光比色皿，置入荧光分光光度计中进行荧光发射和荧光激发光谱测定，确定 2-苯基苯并噻唑的最大荧光激发和发射波长。

五、实验结果与讨论

（1）观察 TLC 点板后的反应，监测反应进程。

（2）确定所合成的荧光物质的荧光发射波长和激发波长。

六、思考题

（1）解释荧光发射现象的原理和荧光分子一般所具有的特征。

（2）为什么荧光物质的荧光发射波长较激发波长长？

（3）如何扫描荧光物质的荧光发射光谱和激发光谱？

七、实验注意事项

（1）苯甲醛和邻氨基苯硫酚常温下均为液体，有一定气味，必须在通风橱中进行操作。有机试剂和溶剂具有一定毒性，避免直接与皮肤接触，操作时需戴手套和护目镜或面具。

（2）充分氧化步骤很关键，否则所得产物荧光很弱。

（3）洗涤和重结晶过程中乙醇的量需合理控制，否则容易使产品造成严重损失。

建议本实验每组 1 人，6 学时。

实验 20 辣椒制品中染色剂罗丹明 B 的荧光检测

一、实验目的

（1）了解荧光分析法的基本原理。

（2）学习荧光分光光度计的使用方法。

（3）掌握实验室应用荧光检测方法测定辣椒制品中罗丹明 B 的含量的方法。

二、实验原理

罗丹明 B（Rhodamine B）又称玫瑰红 B，或碱性玫瑰精，俗称花粉红，是一种具有鲜桃红色的人工合成的氧杂蒽染料（结构式如下图）。其光泽鲜艳，主要用于工业染色，曾被用作食品添加剂，但后来实验证明罗丹明 B 会致癌，因此国家卫生部已明确将罗丹明 B 列入非食用物质，不允许用作食品染色。但目前食品市场上罗丹明 B 仍被不良商贩用做食品染色，成为苏丹红之后的一种有毒食品添加剂。尤其在辣椒制品中添加罗丹明 B 染色剂，加工后的辣椒制品与一般的辣椒制品表观上看不出有明显区别。因此对染色剂罗丹明 B 的检测在食品安全监测中具有重要意义。

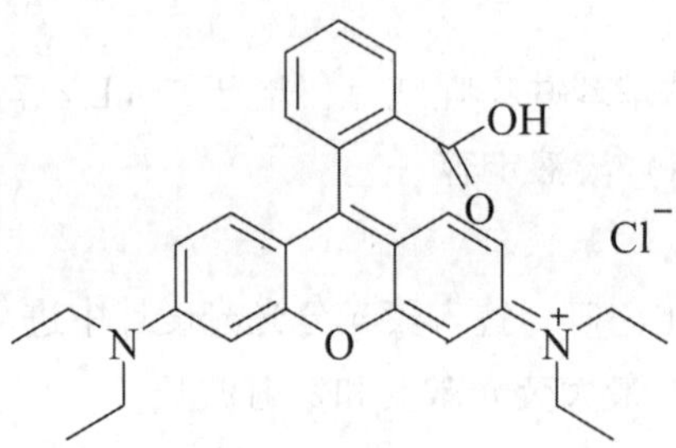

罗丹明 B 是一类荧光染料，其稀溶液在 490～560 nm 范围波长的光照射下，在 pH 值小于 4 的水溶液中在 580 nm 左右可发射出强烈橘红色的荧光，因此通过测定荧光发射光谱可定性检测罗丹明 B。稀溶液物质的荧光强度与物质的浓度成正比，通过标准工作曲线法，可定量分析荧光物质的含量。本实验即以染色辣椒制品为例，学习荧光分光光度计的使用方法，掌握实验室应用荧光检测方法测定染色辣椒制品中罗丹明 B 的含量的方法。

三、实验材料和仪器设备

1. 实验材料

罗丹明 B（AR）、辣椒面（市售）、浓盐酸（AR）、无水乙醇（AR）、去离子水。

2. 仪器设备

荧光光谱仪（型号：FS-5，厂商：英国 Edinburgh Instruments 公司）、容量瓶、烧杯、抽滤瓶、容量瓶等。

四、实验内容

1. 样品溶液配置

称取 5.0 g 市售辣椒面置于烧杯中，加乙醇 5 mL 和 1 M 盐酸 5 mL，超声震荡 5 min，静置 30 min 浸泡。抽滤，少量水洗，将滤液转移至 25 mL 容量瓶，用少量水清洗抽滤瓶并一转移至容量瓶，最后用去离子水稀释至刻度，摇匀。

2. 标准溶液配置

取 6 个 25 mL 容量瓶，依次分别加入 0 mL、0.5 mL、1.0 mL、1.5 mL、2.0 mL 和 2.5 mL 罗丹明 B 标准溶液（1 g/L 乙醇溶液），1 mL 乙醇，5 mL1 M 盐酸，最后用去离子水稀释至刻度，摇匀。

3. 确定荧光激发光谱和发射光谱

取标准溶液 3 号测定激发光谱和荧光光谱。先固定发射波长为 580 nm，在 400~570 nm 区间进行激发波长扫描，获得溶液的激发光谱和荧光最大激发波长 λ_{ex}；再固定激发波长为 520 nm，在 530~650 nm 区间进行发射波长扫描，获得溶液的发射光谱和荧光最大发射波长 λ_{em}。

4. 标准曲线的绘制和样品的测定

将激发波长和发射波长分别设定为上述得到的 λ_{ex} 和 λ_{em} 值，用 1 号标准溶液将荧光强度调零后，分别测定 2~6 号标准系列溶液的荧光强度。最后取样品溶液 2 mL 置于 25 mL 容量瓶中，加入 1 mL 乙醇，5 mL1 M 盐酸，最后用去离了水稀释至刻度，摇匀，测定荧光强度。

五、实验结果与讨论

（1）从绘制的罗丹明 B 的激发光谱和发射光谱曲线上，确定其最大激发和最大发射波长。

（2）绘制罗丹明 B 的标准曲线，并从标准曲线上确定未知样品试样溶液中罗丹明 B 的浓度。

（3）计算原始未知样品中罗丹明 B 的浓度。

六、思考题

（1）什么是荧光激发和发射光谱，如何绘制？

（2）测定过程中为什么要加入盐酸？

七、实验注意事项

（1）样品处理要充分，以免引入较大误差，并注意不能接触到眼睛。

（2）测定的顺序要从稀到浓，以减小测量误差。

建议本实验每组 1 人，6 学时。

实验 21　酸性蓝黑 B 的制备、最大吸收波长确定及染色应用

一、实验目的

（1）了解双偶氮染料重氮化及偶合的反应原理。

（2）掌握偶氮酸性染料的合成方法。

（3）熟悉分光光度计的使用。

（4）掌握酸性染料染色的一般方法。

二、实验原理

酸性蓝黑 B 合成原理如下：

1. 对硝基苯胺重氮化

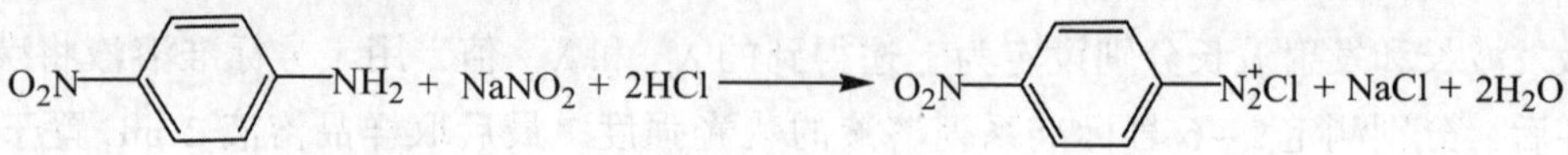

2. 第一次偶合（酸性偶合）

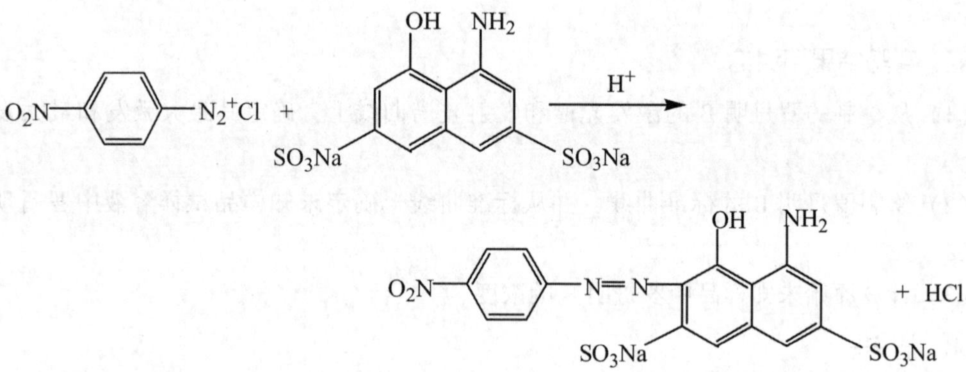

3. 苯胺重氮化

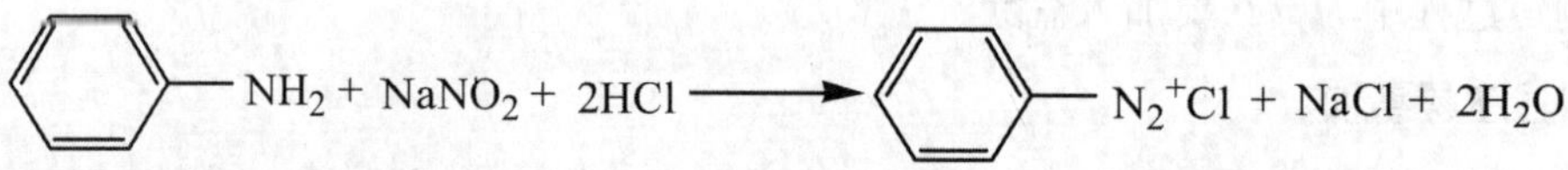

4. 第二次偶合（碱性偶合）

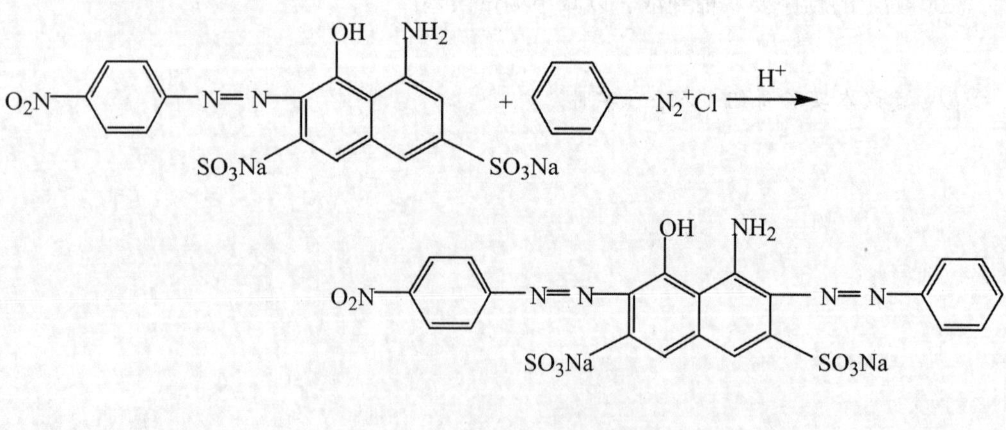

三、实验材料和仪器设备

1. 实验材料

4-硝基苯胺（AR）、1-氨基 8-萘酚二磺酸（H 酸，98%）、苯胺（AR）、盐酸（AR）、碳酸钠（AR）、亚硝酸钠（AR）、乙醇（AR）、锦纶织物。

2. 仪器设备

制冰机，织物染色机（型号：TYPE I H-12F，厂商：台湾瑞比公司）、紫外可见分光光度计（型号：Lambda35，厂商：新加坡 perkinelmer 公司）、烧杯、搅拌棒、容量瓶等。

四、实验内容

1. 染料的制备

（1）在大小合适的烧杯内加入 13. 8 g 4-硝基苯胺、200 g 水和 25 g 30%盐酸，加热，使硝基苯胺全部溶解。然后将溶液冷却至 0℃，一次性加入 7 g $NaNO_2$（配成 30%溶液），并在 5~15 ℃低温下搅拌半小时，得澄清淡黄色溶液（对刚果红试纸呈微蓝色）。过量的 $NaNO_2$ 用少量尿素破坏，使之对淀粉碘化钾试纸不显色。

另一烧杯中加入 34 g H 酸、100 g 水，逐渐加入 5. 3 g Na_2CO_3，使 H 酸全部溶解。将此溶液慢慢加入到上述重氮盐溶液中，调节 pH 为 3~4，然后在 5~10 ℃下搅拌 3. 5 h，直至反应液中重氮盐消失为止（用 2-萘酚或 H 酸做渗圈实验）。最后在搅拌中慢慢向反应液中加入适量 Na_2CO_3，调节其 pH 6. 5~7. 0，冷却至 5 ℃待用。

在大小合适的烧杯中加入 9. 3 g 苯胺、60 g 水和 25 g 30%盐酸。冷却至 0~5℃，在 10~15 min 内加入 7 g $NaNO_2$（配成 30%溶液），搅拌 60 min，溶液应对刚果红试纸呈蓝色，对淀粉碘化钾试纸呈微蓝色，过量的 $NaNO_2$ 用少量尿素破坏，此时，溶液对淀粉碘化钾试纸不显色。然后将苯胺重氮盐溶液慢慢加入到上述反应液中，加完后 pH 应控制在 8 左右。在 5 ℃下搅拌 1. 5 h，直至偶合成分和重氮组分均消失为止（用 2-萘酚和对硝基苯胺重氮盐分别检测）。最后升温至 30 ℃进行盐析（按反应液总体积的 10%加入食盐）。再搅拌 30 min，当染料全部析出（渗圈为无色），趁热过滤，抽干，干燥得产品。

2. 紫外可见吸收测定

预先了解分光光度计的使用方法。

将制备的染料溶于乙醇溶液中，经紫外分光光度计检测分析吸收峰位置，确定最大吸收波长 λ_{max}。

3. 织物染色

（1）染液及助剂溶液配制：称取 0. 5 g 制备的染料溶于蒸馏水，定容至 50 mL 的容量瓶中配成 10 g/L 的染液；取 1. 00 mL 的醋酸定容至 100 mL 得 1%的醋酸溶液，称取 2. 0 g 无水硫酸钠溶于蒸馏水，定容至 100 mL 的容量瓶中配成 2. 0 g/L 的硫酸钠溶液。

（2）在干净的烧杯中加入规定量的染液和助剂，补足所需水分，染浴配置完毕，将已经在水中润湿的锦纶织物挤干后投入染浴中开始染色。

染色处方：

染料/%（o. w. f）	2
冰醋酸/%（o. w. f）	2
硫酸钠/%（o. w. f）	2
浴比	1：20

染色工艺：

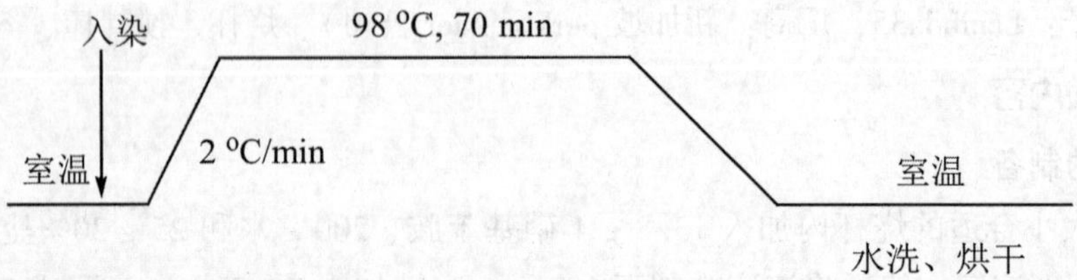

五、实验结果与讨论

（1）观察染料合成过程现象，计算产率。

（2）确定合成的酸性蓝黑 B 的最大吸收波长 λ_{max}。

（3）观察染色前后织物的色泽。

六、思考题

（1）盐析时食盐过量会有什么现象？

（2）进行紫外吸收检测时，染料是否可以溶解于其他溶剂里进行检测？如可以，吸收峰值是否有所变化？

七、实验注意事项

严格控制重氮化温度和偶合时的 pH 值。

建议本实验每组 1 人，6 学时。

实验 22　印染废水中有机染料的光催化降解

一、实验目的

（1）了解光催化的基本原理。

（2）掌握实验室光催化降解染料的实验方法。

二、实验原理

印染废水治理是解决当前水体环境污染问题所面临的主要任务之一。近年来，利用半导体光催化作用降解有机染料污染物，作为一项新的污染治理技术，日益受到重视，其中尤以 TiO_2 半导体为光催化触媒的研究最为广泛，具有能耗低、操作简便、可减少二次污染等优点。

根据晶体的能带理论（Energy band theory），半导体能带结构由充满电子的价带（valence band，VB）和空的导带（conduction band，CB）构成，价带和导带之间存在禁带（band gap）。当用能量等于或大于禁带宽度（也称带隙，E_g）的光照射半导体时，VB 上的电子（e^-）被激发跃迁至导带，在价带上产生相应的空穴（h^+）。光生空穴有很强的强氧化性，光生电子具有强还原性，可分别在半导体表面通过系列反应转化为活性氧自由基如 $\cdot OH$ 和 $\cdot O_2^-$ 等，从而进一步降解吸附在半导体表面上的有机染料污染物。光催化机理可用下式说明：

$$TiO_2 + h \longrightarrow e^- + h^+$$

$$h^+ + H_2O \longrightarrow \cdot OH + H^+$$

$$O_2 + e^- \longrightarrow \cdot O_2^-$$

……

本实验以 TiO_2 为光催化剂，以印染废水中典型的污染物亚甲基蓝为例，对其进行降解和脱色，掌握实验室光催化降解有机染料的实验方法。

三、实验材料和仪器设备

1. 实验材料

四氯化钛（AR）、亚甲基蓝（CP）、浓盐酸（AR）、氨水（AR）、无水乙醇（AR）、去离子水。

2. 仪器设备

马弗炉、光催化反应器、紫外可见分光光度计（型号：Lambda35，厂商：新加坡 perkinelmer 公司）、三口烧瓶、磁力搅拌器、冷凝管、坩埚、石英反应管等。

四、实验内容

1. 光催化剂 TiO_2 的制备

向三口烧瓶中加入 1 mL1 M 稀盐酸和 30 mL 去离子水，磁力搅拌下用吸管缓慢滴加四氯化钛稀释溶液 5 mL，滴加完毕保持搅拌 5 min。开启加热，升温至 100 ℃回流 30 min，由滴液漏斗缓慢滴加浓氨水 10 mL，滴加完毕继续回流 1 h。停止加热，冷却至室温静置 1 h。离心分离出沉淀，重复超声振荡洗涤、离心三次，将所得固体置于坩埚中并在烘箱中 100 ℃干燥 1 h，然后放入马弗炉中 450 ℃焙烧 2 h。

2. 亚甲基蓝的光催化降解

用研钵将焙烧后的固体研磨成细粉末，称取 30 mg 放入 50 mL 石英反应管中，加入 1 mg/mL 的亚甲基蓝水溶液 30 mL，超声振荡 5 min 后置于光催化反应器中搅拌 30 min。取出 3 mL 上述溶液保留，开启光源，并每隔 30 min，关闭光源，取出 3 mL 溶液保留。光照射 2 h 后停止反应，将上述取出的溶液离心，并取上清液利用紫外可见吸收分光光度计在 400~800 nm 范围测定吸收光谱，并记录 665 nm 左右最大处吸光度。

另一支石英反应管中不加催化剂，仅加入 1 mg/mL 的亚甲基蓝水溶液 30 mL，同样置于光催化反应器中作为空白样。

五、实验结果与讨论

（1）从吸收光谱中确定最大吸收波长处的吸光度值。

（2）以降解率 $\frac{A_0-A_t}{A_0}\times 100\%$ 为纵坐标、时间为横坐标绘制降解率曲线，其中 A_0 为降解前亚甲基蓝溶液的吸光度，A_t 为降解 t 时间后亚甲基蓝溶液的吸光度。

（3）比较未加入催化剂和加入催化剂情况下降解率曲线的斜率，评价催化剂的催化性能。

六、思考题

（1）为什么可以利用半导体光催化降解印染废水中的有机染料？

（2）光催化剂的性能与哪些因素有关？

（3）为什么光催化反应前需要在暗处搅拌半小时后再开启光源？

七、实验注意事项

（1）四氯化钛有毒，实验操作应在通风厨中进行。

（2）水解和焙烧过程要充分，尽可提高催化剂的催化性能。

建议本实验每组 1 人，6 学时。

实验 23　甘油缩酮的合成

一、实验目的

（1）了解采用缩酮反应保护邻二羟基的过程。

（2）掌握分水反应方法。

（3）学会减压蒸馏提纯方法。

二、实验原理

1. 主要性质和用途

甘油又名丙三醇，为无色黏稠液体，有甜味，可与水以任何比例混溶，可作为化妆品中的吸湿剂，也是重要的有机原料。结构中含有三个羟基，结构式为：

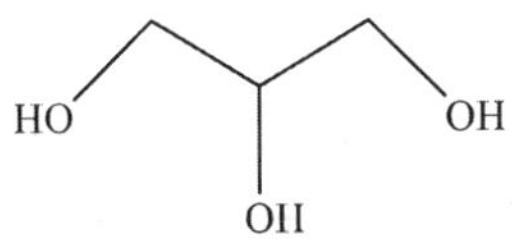

甘油的三个羟基都是活性基团，在进行化学反应时都会参与反应。有些情况希望仅有一个羟基参与反应，保留其他的羟基，这时就需要将另外两个羟基先保护起来，待剩余的羟基反应完毕再通过脱保护基将它们释放出来。丙酮是常见的邻二羟基保护试剂。

2. 合成原理

甘油和丙酮在对甲基苯磺酸催化作用下，发生缩酮化反应，反应式如下：

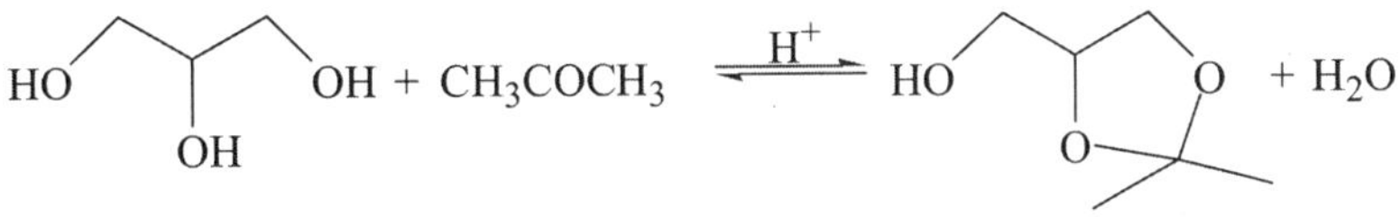

羰基是个强极性基团，碳显较强的正电性，因此易与亲核试剂反应，而醇中羟基上的氧具有孤对电子，有较强的亲核性，氧以其孤对电子进攻羰基碳形成半缩醛。半缩醛的-OH 不稳定，极易与另一-OH 脱水缩合形成缩醛。

缩酮化反应为可逆反应过程，随着反应的进行，会产生一定数量的水，阻碍反应向右进行，本实验通过分水器除去生成的水来提高缩酮的产量。

三、实验材料和仪器设备

1. 实验材料

甘油（AR）、丙酮（AR）、一水合对甲苯磺酸（CP）、石油醚（沸程：30~60 ℃）。

2. 仪器设备

减压蒸馏装置（含油泵、冷阱、吸收塔、测压装置）、三口烧瓶、分水器、冷凝管、烧杯等。

四、实验内容

在装有机械搅拌的 250 mL 三口烧瓶中加入 79 g（100 mL，1. 36 mol）丙酮、33 g（0. 358 mol）甘油以及石油醚（沸程 30~60 ℃）100 mL、1 g 一水合对甲基苯磺酸。三口烧瓶一口塞上，另一口加分水器，分水器上加球形冷凝管。加热搅拌，让溶剂最大回流，连续分出生成的水，反应 5 h。反应后冷却到室温，将反应液过滤到圆底烧瓶中，换为减压蒸馏装置。采用多头接引管，将石油醚和多余的丙酮减压蒸馏除去，剩余液体减压蒸馏至 80~81 ℃/11 mmHg 馏分，然后称重计算收率（%）。

五、实验结果与讨论

（1）详细记录实验现象。

（2）计算收率，根据实验现象和收率分析原因。

六、思考题

（1）分水器的原理是什么？使用时应注意什么？

（2）减压蒸馏的原理是什么？为什么要采用减压蒸馏进行分离？

（3）减压蒸馏装置中毛细管的作用是什么？

七、实验注意事项

（1）安装分水器及球形冷凝管为倾斜状态，要用铁夹固定。或者如果搅拌器电机不干扰的情况下，也可选用三个口均为直立式的三口烧瓶，但同样要固定球形冷凝管。

（2）反应必须在回流温度下进行。

（3）甘油要求新鲜，若吸有水分，则在通风厨中敞口于 170 ℃干燥 3 h。

建议本实验每组 1 人，6 学时。

实验 24 氯贝丁酯的合成

一、实验目的

(1) 掌握氯贝丁酯的合成反应原理。

(2) 学会利用薄层层析监测反应进程的方法。

(3) 复习减压蒸馏实验操作步骤。

二、实验原理

氯贝丁酯（Clofibrate）又名安妥明，化学名为2-甲基-2-（4-氯苯氧基）丙酸乙酯，本品作为降血脂药，能抑制胆固醇和甘油三酯的合成，增加固醇类的排泄，降低血中 VLDL 的含量，此外还能降低血浆纤维蛋白原的含量和血小板的黏性，因而，有利于防止血栓的形成，降低心肌梗塞的发病率，用于高脂血症及动脉硬化症等。本品已被中国药典 2015 版所收载。文献报道的合成路线是以对氯苯酚为起始原料，在氢氧化钠作用下与丙酮缩合制得对氯苯氧异丁酸，酯化制得氯贝丁酯（合成路线一）。也可以采用苯酚与丙酮、氯仿在氢氧化钠条件下缩合，制得苯氧异丁酸，而后在无水乙醇中通入氯气，酯化和芳环氯代制得氯贝丁酯（合成路线二）。本品为无色至淡黄色澄清油状液体，略有异臭或异味，遇光颜色逐渐变深。本品在乙醇、丙酮、三氯甲烷、乙醚或石油醚中易溶，在水中几乎不溶。

合成路线一：

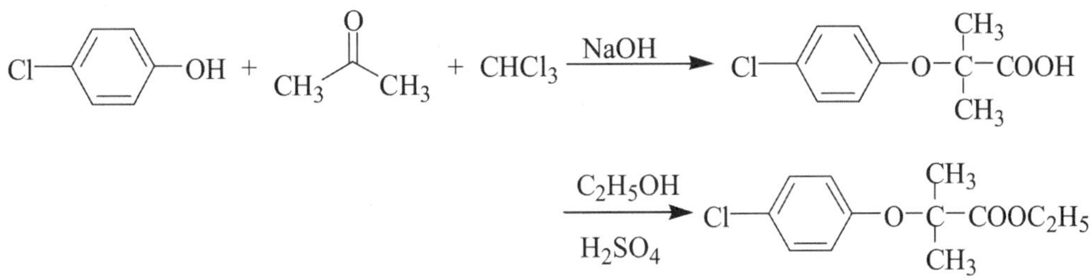

合成路线二：

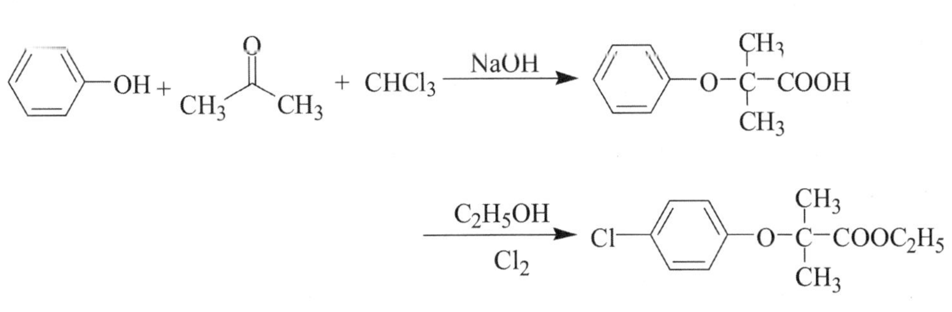

在本合成实验中，我们采用第一种方法制备氯贝丁酯。

三、主要仪器及药品

1. 实验材料

对氯苯酚（AR）、丙酮（AR）、氯仿（AR）、氢氧化钠（AR）、浓硫酸（AR）、无水乙醇（AR）。

2. 仪器设备

红外光谱仪（型号：Spectrum Two，厂商：英国 PERKINELMER 公司）、紫外-可见分光光度计（型号：Lambda35，厂商：新加坡 perkinelmer 公司），核磁共振波谱仪（型号：AVANCE Ⅲ 400MHz，厂商：德国 Bruker Biospin AG 公司）、三口烧瓶、搅拌器、冷凝管、烧杯等。

四、实验内容

1. 对氯苯氧异丁酸的合成

将对氯苯酚 12.8 g（0.1 mol）、丙酮 60 mL 加入 250 mL 的三口烧瓶中，装上搅拌器、回流冷凝管，在冰水浴冷却和搅拌下，慢慢加入氢氧化钠 24.0 g（0.6 mol），加入速度以反应瓶内温度不超过 40 ℃为宜，最好在 30 ℃以下，加完后搅拌 30 min，搅拌下慢慢滴加氯仿 17.7 g（0.15 mol），约 0.5 h 加完，滴加氯仿时反应温度始终控制在 42~48 ℃之间，不得超过 50 ℃。氯仿滴加完毕，搅拌 30 min 后回流 3 h。

反应完毕后蒸去过量的溶剂丙酮，冷却加入水再蒸馏，搅拌下用稀硫酸（10%）中和至 pH 2~3，析出晶体，抽滤，水洗，得白色或淡黄色固体，熔点 93~95 ℃，计算收率，测定该化合物的熔点 m. p. 120~121 ℃。

2. 氯贝丁酯的合成

将对氯苯氧异丁酸 10.7 g（0.05 mol）、无水乙醇 30 mL，加入浓硫酸 1.5 mL，加热回流，利用薄层层析监测反应进程，约需 3~4 h，反应完毕后蒸去乙醇，加入水 30 mL，用 30 mL 氯仿提取，连续提取 3 次，有机层用无水硫酸钠干燥，蒸去溶剂，减压蒸馏收集 148~150 ℃/20 mmHg 馏分，得无色或黄色油状液体氯贝丁酯，经 IR 和 ^{1}HNMR 鉴定结构，证实为对氯苯氧异丁酸乙酯。

3. 鉴别

（1）取本品的乙醚溶液（1∶10）数滴，加盐酸羟胺的饱和乙醇溶液与氢氧化钾的饱和乙醇溶液各 2~3 滴，置水浴上加热约 2 min，冷却，加稀盐酸使成酸性，加 1%三氯化铁溶液 1~2 滴，即显紫色。

（2）取本品，加无水乙醇溶解并稀释制成每 1 mL 中约含 0.10 mg 的溶液(1)与每 1 mL 中约含 10 μg 的溶液(2)，按紫外-可见分光光度法测定，溶液(2)在 226 nm 的波长处有最大吸收，溶液(1)在 280 nm 与 288 nm 的波长处有最大吸收。

4. 结构确证

（1）红外吸收光谱法。

（2）核磁共振波谱法（H 谱）。

五、实验结果与讨论

（1）在制备对氯苯氧异丁酸中注意观察放热等实验现象。

（2）讨论对氯苯氧异丁酸的反应机理及注意事项。

六、思考题

（1）请写出对氯苯酚与丙酮、氯仿在碱性条件（如氢氧化钠）下缩合制备对氯苯氧异丁酸的反应机理。

（2）测定对氯苯氧异丁酸的熔点时，应注意哪些事项？

（3）对氯苯氧异丁酸和氯贝丁酯的红外光谱和核磁共振氢谱进行解析。

（4）请说出利用薄层层析监测反应进程的方法。

七、实验注意事项

（1）对氯苯酚具有腐蚀性，称量时避免与皮肤接触。

（2）氯仿与氢氧化钠可发生剧烈反应，有释放光气等有毒物质的可能，并大量放热，应严格按照实验操作中的加料顺序。

（3）注意减压蒸馏实验操作。

建议本实验每组 1 人，6 学时。

实验 25 曲尼司特（Tranilast）的制备

一、实验目的

（1）熟悉烃化、Knoevenagel 缩合、酰卤化及酰胺化反应的方法和原理。

（2）掌握药物合成中的无水实验操作方法。

（3）完成曲尼司特的制备。

二、实验原理

曲尼司特（Tranilast）又名利喘贝，化学名为 2-[[(3-(3,4-二甲氧基苯基)-1-氧-2-戊烯基)氨基]苯甲酸]；2-[[(3-(3,4-Dimethoxyphenyl)-1-oxo-2-propenyl) amino] benzoic acid]。分子式：$C_{18}H_{17}NO_5$，分子量：327.34，CAS 号：53902-12-8。1982 年由日本 Kissei 药品工业株式会社研发上市，是一种过敏介质阻滞剂，可抑制变应原及其他刺激引起的肥大细胞脱颗粒和过敏介质的释放反应。具有稳定肥大细胞和嗜碱粒细胞的细胞膜作用，阻止其脱颗粒，从而抑制组胺和 5-羟色胺等过敏性反应物质的释放，对于 Ig*E* 抗体引起的大白鼠皮肤过敏反应和实验性哮喘有显著抑制作用，是一种针对过敏性疾病发生机制的病因治疗性药物。本品为抗变态反应药物，用于预防和治疗支气管哮喘和过敏性鼻炎。本品具有口服后胃肠道易吸收和不良反应小等特点，该药已被中国药典 2015 年版收载。

曲尼司特的制备主要以香兰醛为起始原料，经酚羟基上甲基化、Knoevenagel 缩合反应得到 3,4-二甲氧基肉桂酸，用二氯亚砜反应生成酰氯，再与邻氨基苯甲酸缩合得到曲尼司特。其中 3,4-二甲氧基肉桂酸也可以采用 3,4-二甲氧基苯甲醛与乙酸酐在醋酸钠作用下发生 Perkin 反应制备。本实验采用的合成路线如下：

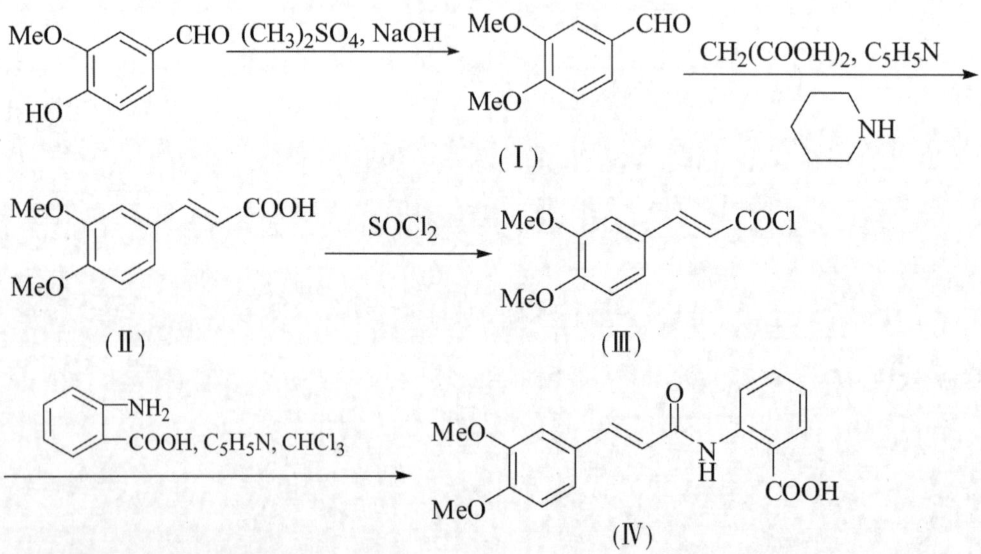

三、实验材料和仪器设备

1. 实验材料

3-甲氧基-4-羟基苯甲醛（香兰醛，AR）、硫酸二甲酯（AR）、氢氧化钠（AR）、丙二酸（CP）、吡啶（AR）、哌啶（AR）、盐酸（AR）、氯化亚砜（AR）、三氯甲烷（AR）、邻氨基苯甲酸（CP）。

2. 仪器设备

红外光谱仪（型号：Spectrum Two，厂商：英国 PERKINELMER 公司）、三口烧瓶、圆底烧瓶、搅拌器、滴液漏斗等。

四、实验内容

1. 3,4-二甲氧基苯甲醛的制备

在 100 mL 的三口烧瓶中，加入 10 g（0.066 mol）香兰醛（3-甲氧基-4-羟基苯甲醛）和 16 mL 20%氢氧化钠水溶液，升温至 80 ℃，搅拌中同时缓慢滴加 8 mL（0.085 mol）硫酸二甲酯，其间需持续监测 pH 值，若溶液 pH 值小于 7，及时补充 20%的氢氧化钠溶液直至溶液 pH 值在 9 左右。滴加完硫酸二甲酯后继续保温，搅拌反应 30 min 后，冷却，转移反应液至烧杯并用密封膜封口放置冰箱冷藏，得白色结晶，抽滤，水洗至中性，干燥得到白色片块状固体，熔点为 42~43℃。用薄层层析实验方法控制产物纯度。

2. 3,4-二甲氧基肉桂酸的制备

在 150 mL 干燥的三口烧瓶中，加入上述制备的 3，4-二甲基苯甲醛 8.3 g（0.050 mol）、12.6 g（0.12 mol）丙二酸、50 mL 吡啶及 1 mL 哌啶，加热搅拌回流反应 2 h。反应完，冷却，将反应液倒入 50 mL 浓盐酸和 100 g 碎冰的混合物中，析出白色固体，抽滤，得粗品。用 40%的乙醇重结晶，得白色针状结晶，熔点为 181~183 ℃。

3. 3,4-二甲氧基肉桂酰氯的制备

在 50 mL 干燥的圆底烧瓶（装有带氯化钠干燥管的回流冷凝管）中，加入 5 g（0.025 mol）制备的 3，4-二甲氧基肉桂酸、吡啶 1 滴和 3 mL 氯化亚砜（0.040 mol），磁力搅拌，加热回流反应 40 min，减压回收过量的氯化亚砜，冷却，加入 20 mL 干燥的三氯甲烷，作为反应液用于下步反应。

4. 曲尼司特的合成

在 100 mL 干燥的三口烧瓶中加入 4.3 g（0.03 mol）邻氨基苯甲酸、15 mL 吡啶和 40 mL 三氯甲烷，搅拌溶解后，通过恒压滴液漏斗滴加步骤 3 的三氯甲烷反应溶液，20 min 滴毕，加热搅拌回流反应 2 h，减压回收溶剂，残留物冷却后倒入水中，析出黄色固体，抽滤，干燥，粗品用乙醇重结晶，得到淡黄色结晶精品，熔点 210~213 ℃。

5. 曲尼司特的鉴定

（1）薄层层析（TLC）法。硅胶薄层板，展开剂为乙酸乙酯-氯仿（体积比 1∶1），正向展开，紫外灯下显蓝色荧光斑点，$R_f = 0.8$。

（2）红外光谱分析（IR）法。v_{max}（KBr）：1695cm^{-1}（O=C-Ar），1655cm^{-1}（O=C-NH-）。

五、实验结果与讨论

（1）讨论酚羟基甲基化的方法。

（2）讨论酰氯的制备方法和注意事项。

六、思考题

（1）酚羟基甲基化反应还可以用什么方法改进操作？

（2）Knoevenagel 反应条件如何控制？

（3）酰氯化反应还可以用什么试剂？本实验用氯化亚砜做酰氯化试剂有何优点？

七、实验注意事项

（1）硫酸二甲酯毒性较大，使用时注意安全。TLC 监测技术，硅胶薄层板，展开剂为异丙醇-氯仿-氨水（体积比 40∶10∶20），3,4-二甲氧基苯甲醛的 $R_f=0.54$，香兰醛的 $R_f=0.40$。

（2）Knoevenagel 反应为缩合脱水过程，注意仪器试剂需要事先干燥，如果实验条件允许，可以采用回流带水的方法，促使完全反应。

（3）吡啶要在通风橱中量取。

（4）酰氯制备仪器需要预先干燥，氯化亚砜刺激性大，腐蚀性也较大，回流冷凝管上要装干燥和气体吸收装置。

建议本实验每组 1 人，6 学时。

实验 26　盐酸苯海索（Benzhexol hydrochloride）的合成

一、实验目的

（1）掌握绝对无水乙醚的处理方法。

（2）掌握制备格氏试剂（Grignard reagent）的操作技术和 Grignard 反应的关键因素。

（3）掌握曼尼希（Mannich）反应的原理和操作方法。

二、实验原理

盐酸苯海索（Benzhexol hydrochloride）又名安坦，化学名为 1-环己基-1-苯基-3-（1-哌啶基）-丙醇盐酸盐。本品为中枢抗胆碱抗帕金森病药，作用在于选择性阻断纹状体的胆碱能神经通路，而对外作用较小，从而有利于恢复帕金森病患者脑内多巴胺和乙酰胆碱的平衡，改善患者的帕金森病症状。临床用于帕金森病、帕金森综合征的治疗，也可用于改善药物引起的锥体外系反应。本品为白色轻质结晶性粉末，无臭。在甲醇、乙醇或三氯甲烷中溶解，在水中微溶，已被中国药典 2015 年版收载。

本实验采用的合成方法是苯乙酮与多聚甲醛、哌啶盐酸盐经 Mannich 反应制得 β-哌啶苯丙酮盐酸盐，再与环己基氯化镁发生格氏反应，产物经水解、成盐得到盐酸苯海索。

合成路线如下：

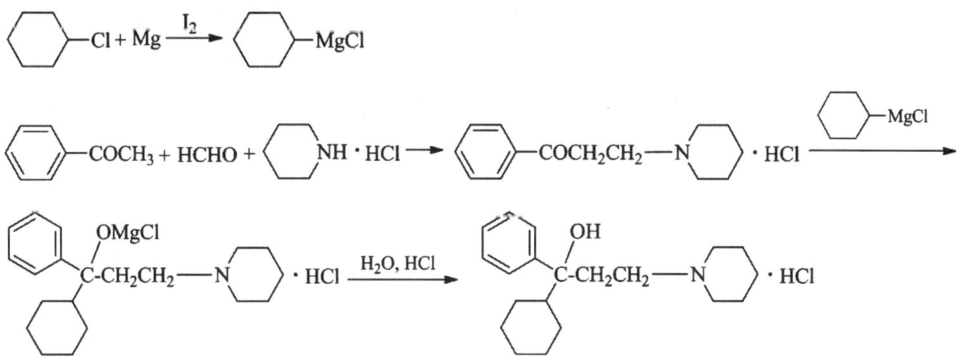

三、实验材料和仪器设备

1. 实验材料

哌啶（AR）、盐酸（AR）、苯乙酮（AR）、多聚甲醛（AR）、氯代环己烷（CP）、绝对无水乙醚（AR）、镁条、无水乙醚（AR）、碘（AR）。

2. 仪器设备

红外光谱仪（型号：Spectrum Two，厂商：英国 PERKINELMER 公司）、核磁共振波谱仪（型号：AVANCE Ⅲ 400MHz，厂商：德国 Bruker Biospin AG 公司）、搅拌器、三口烧瓶、滴液漏斗、冷凝管、温度计、烧杯等。

四、实验内容

1. 哌啶盐酸盐的制备

在装有搅拌器、滴液漏斗和上端附有氯化氢气体吸收装置的冷凝管的250 mL三口瓶中，加入哌啶30 g和95%乙醇60 mL，于搅拌下滴加盐酸至pH=1左右（约需27 mL），将原装置改成蒸馏装置，用水泵减压蒸去乙醇和水，至呈糊糊状，趁热将反应物倒入50 mL烧杯中，冷却至室温，抽滤，滤饼尽量压干，得白色晶体，置于红外灯下烘干，称量，计算理论收率。熔点（m. p.）240℃以上，干燥后备用。

2. β-哌啶苯丙酮盐酸盐的制备

在装有搅拌器、温度计和球形冷凝管的250 mL三口瓶中，依次加入苯乙酮18.1 g（0.15 mL）、95%乙醇40 mL、哌啶盐酸盐18.2 g（0.15 mol）、多聚甲醛7.6 g和盐酸适量，搅拌加热至80~85℃，并于该温度回流反应3~4 h，至反应液中无多聚甲醛，反应毕。将反应液倒入100 mL烧杯中，用冷水冷却，使结晶完全。收集结晶，以95%乙醇洗涤2~3次，每次10 mL，至洗涤至中性为止。抽干，于红外灯下干燥，直至恒重，得白色鳞片状结晶，计算理论产率。m. p. 190~194℃。

3. 盐酸苯海索的制备

在装有密封好的搅拌器、上端附有氯化钙干燥管的球形冷凝管和滴液漏斗的250 mL三口瓶中，依次加入剪碎的镁条2.05 g（0.0844 mol）、绝对无水乙醚15 mL、一小粒碘和氯代环己烷20~30滴，搅拌加热至反应液开始回流，待碘的颜色消退，并呈乳灰色浑浊，表示反应开始，慢慢滴加剩余的氯代环己烷11.25 g（0.085 mol）和20 mL绝对无水乙醚混合液，滴加速度以控制反应液呈微沸状态为宜，约45~50 min滴完。用油浴缓慢加热回流，直至镁条全部消失，以此表示反应已达终点。用冷水浴冷却，分3次加入β-哌啶苯丙酮盐酸盐（曼尼希碱盐酸盐）21.5 g（0.085 mol），约15 min加完后，加热回流2 h，反应毕，冷却到15 ℃以下，将反应物在搅拌下慢慢加入到稀盐酸中（盐酸22 mL，水66 mL），继续冷却至5 ℃以下，抽滤，滤饼用冰水洗涤至pH=5左右，压干，得粗品。

将粗品投入到另一个圆底烧瓶中，加入1~1.5倍量的乙醇，加热回流至溶解，加2%~3%活性炭脱色，趁热抽滤，滤液冷至10℃以下，抽滤，压干滤饼，将其溶解于两倍量的乙醇中，再加2%~3%活性炭脱色，趁热抽滤，滤液冷至5℃以下，放置，使析晶完全。抽滤，滤饼用少量乙醇洗涤2次（每次都搅成糊状），抽滤，压干，干燥，得精品，称重，计算理论收率。m. p. 250℃（分解）。

4. 测试盐酸苯海索的红外光谱和核磁共振氢谱

五、实验结果与讨论

（1）探讨哌啶盐酸盐制备过程中的注意事项。

（2）探讨盐酸苯海索的合成中格氏反应和曼尼希反应的注意事项和氯离子的鉴定方法。

（3）解析盐酸苯海索的红外光谱和核磁共振氢谱。

六、思考题

（1）解释本实验中所涉及的曼尼希反应和格氏反应机理？

（2）本实验曼尼希反应后，中间体 β-哌啶苯丙酮盐酸盐不洗至中性对实验结果有何影响？

（3）由中间体 β-哌啶苯丙酮盐酸盐制备盐酸苯海索时应注意哪些问题？

七、实验注意事项

（1）所用仪器、试剂都必须干燥。仪器在烘箱中烘干后，将其放在干燥器中冷却至室温待用。

（2）镁条用前应用砂纸磨去氧化层，并在红外灯下快速尽量剪细，及时使用。

建议本实验每组 1 人，6 学时。

实验 27　多环芳烃类化合物气相色谱法定量分析

一、实验目的

（1）了解有机化合物的固相萃取、富集原理。

（2）掌握水体中多环芳烃类化合物的采样、萃取和净化方法。

（3）了解气相色谱质谱分析原理。

（4）掌握气相色谱质谱内标法定量计算方法。

二、实验原理

固相萃取（Solid Phase Extraction，简称 SPE）是一种便捷的液体样品前处理方法，SPE 方法基于液-固相色谱理论，用具有一定吸附性能的填料作为固相萃取剂填充成小柱，利用选择性吸附、选择性洗脱的方式，基于样品目标组分和共存的干扰组分在固相萃取剂上作用力强弱不同的特性使其分离。固相萃取剂是含 C18 或 C8、腈基、氨基等基团的特殊填料，可近似看作一种色谱过程，液体样品通过吸附剂保留其中目标物，再用适当强度溶剂冲洗掉杂质，然后用少量溶剂快速洗脱目标物，从而达到快速分离净化与浓缩的目的。或者选择吸附干扰杂质，让目标物质被洗脱出；或同时吸附杂质和被测物质，再用不同极性的溶剂选择性分段洗脱出目标物质和杂质。固相萃取法具有富集、分离和净化功能，是一种液相和固相的物理萃取过程。

多环芳烃（Polycyclic Aromatic Hydrocarbons，PAHs）指含两个或两个以上苯环的芳烃，是一类环境中普遍存在的持久性有机污染物（POPs），具有很强的致癌性，可通过呼吸或者直接皮肤接触使人体致癌。PAHs 可通过大气干湿沉降、地表径流、工业废水和生活污水等途径进入水环境中，水体中的多环芳烃可呈三种状态：吸附在悬浮性固体上、溶于水、乳化状态。水样中的 PAHs 参考了《海水中 16 种多环芳烃的测定气相色谱-质谱法》（GB/T 26411-2010）的方法和水质 多环芳烃的测定 液液萃取和固相萃取高效液相色谱法（HJ 478-2009），也可采用液液萃取法或固相萃取法提取水样中的目标物。

三、实验材料和仪器设备

1. 实验材料

超纯水、氯化钠（NaCl，使用前于马弗炉 400℃下烘烤 2 h，冷却后于磨口玻璃瓶中密封保存）、无水硫酸钠（Na_2SO_4，使用前于马弗炉 400℃烘烤 4 h，冷却后于磨口玻璃瓶中密封保存）、盐酸（ρ = 1. 19 g/mL，优级纯）、氢氧化钠（NaOH）、无水硫酸钠（Na_2SO_4，450℃下烘烤 4 h，冷却后密封保存在磨口玻璃瓶中。

替代物：2-氟联苯和对三联苯-d14，纯度 99%以上，亦可采用其他类似物或氘代多环芳烃。

多环芳烃标准原液：ρ = 2000 μg/mL。市售有证标准溶液，溶剂为二氯甲烷或甲苯，包括：萘、苊烯、苊、芴、菲、蒽、荧蒽、芘、䓛、苯并［a］蒽、苯并［b］荧蒽、苯并［k］荧蒽、苯并［a］芘、二苯并［a，h］蒽、苯并［g，h，i］苝、茚并［1，2，3-

cd］芘。

内标（Internal Standard，简写为 IS）原液：ρ＝2000 μg/mL。市售有证的标准溶液，含萘-d8、苊-d10、菲-d10、䓛-d12 和苝-d12。

二氯甲烷、正己烷、丙酮、甲醇，均为色谱纯。

高纯氦气（纯度≥99. 999%）、高纯氮气（纯度≥99. 999%）。

硅胶柱或氟罗里硅土柱。

2. 仪器设备

采样和前处理仪器：超声仪（或超声波清洗仪）。

玻璃装置：棕色玻璃采样瓶，分液漏斗（2 L 和 125 mL，聚四氟乙烯活塞）、棕色试剂瓶（1 L）、锥形瓶（150 mL）、样品瓶（棕色，2 mL）。

色谱柱：石英毛细管色谱柱、30 m（长）×0. 25 mm（内径）×0. 25 μm（膜厚）、固定相为 5%苯基、95%二甲基聚硅氧烷，或其他等效的毛细管色谱柱。

气相色谱-质谱仪：具有分流/不分流进样口、程序升温功能，采用电子轰击电离源（EI 源）。

固相萃取装置。

固相萃取柱：1000 mg C18 或等效类型填料、组合型填料的商用固相萃取膜，或具有同等性能的固相萃取柱。

净化柱：1000 mg 硅胶或氟罗里硅土商用固相萃取柱。

干燥柱：内径 10 mm~20 mm 玻璃柱，填有 2 g 以上无水硫酸钠，使用前需用二氯甲烷淋洗。

浓缩装置：旋转蒸发仪、氮吹浓缩仪或其他性能相当的设备。

一般实验室常用仪器设备。

四、实验内容

采集水样品后，按要求对水样进行保存。取一定体积水样，按预处理方法，调节 pH 值，加入替代物使用液并将试剂混匀，以一定流速经过活化后的固相萃取小柱，样品全部过柱后吹干小柱，随后用不同溶剂对固相萃取小柱进行洗脱，洗脱液收集在浓缩管中。洗脱液通过预洗后的干燥柱，换溶剂为正己烷，加入内标使用液，定容，转移至样品瓶中待分析。

目标物根据保留时间和特征离子定性，根据特征离子峰面积定量，采样内标法定量计算。

1. 试剂准备

二氯甲烷-正己烷混合溶剂：v∶v ＝ 3∶7，二氯甲烷和正己烷按 3∶7 体积比混合。

盐酸溶液：v∶v ＝ 1∶1，将浓盐酸加入到等体积水中混合。临用现配。

氢氧化钠溶液：c（NaOH）＝0. 1 mol/L。取 4. 0 g 氢氧化钠溶于少量水中，稀释定容至 1000 mL。

多环芳烃标准使用液：ρ＝10. 0 μg/mL。分别移取多环芳烃标准原液和替代物原液各 250 μL，于 50 mL 容量瓶中，用正己烷定容，混匀。

内标（IS）使用液：ρ=20.0 μg/mL。取500 μL内标贮备液于50 mL容量瓶中，用正己烷定容，混匀。

替代物原液：ρ=2000 μg/mL。称取2-氟联苯和对三联苯-d14约0.1 g，准确至0.1 mg于50 mL容量瓶中，用少量丙酮溶解后，用正己烷混匀、定容。

替代物中间液：ρ=100 μg/mL。移取500 μL替代物贮备液于10 mL容量瓶中，用丙酮定容，混匀。

替代物使用液：ρ=2.00 μg/mL。移取1000 μL替代物中间液于50 mL容量瓶中，用丙酮定容，混匀。

注：所有标准储备液、中间液和使用液定容后均转至具有聚四氟乙烯隔垫的螺口玻璃瓶内，4℃以下冷藏密封避光保存，保存期1年，或参照标准溶液证书的要求冷冻保存。除特别标注纯度试剂外，分析时均使用符合国家标准的分析纯试剂，实验用水为新鲜制备的纯水。

2.样品的采集、运输和保存

样品必须采集在预先洗净烘干的棕色玻璃采样瓶中，采样前不能用水样预洗采样瓶，以防止样品的沾染或吸附。采样瓶要完全注满，不留气泡。若水中有残余氯存在，每1 000 mL水样中加入80 mg硫代硫酸钠。

采集后的水样品在运输过程中应密封、避光并保持在4 ℃以下。如不能及时分析，送达实验室后应于4 ℃以下避光冷藏，在7 d内萃取完成（如测定萘在4 d内萃取），萃取液应于4 ℃以下避光保存，在40 d内分析完毕。

3.样品前处理

样品预处理：量取1 000 mL水样（富集所用水样体积量可根据水质情况可适当增减），用盐酸溶液或氢氧化钠溶液调节pH为6~8，依次加入10 mL甲醇、5 g氯化钠和100 μL替代物使用液，混匀。

样品活化：固相萃取柱依次用10 mL二氯甲烷、10 mL甲醇和10 mL水活化，在活化过程中，保持液面不低于柱床。也可以根据固相萃取柱使用说明来进行活化。

样品富集：将预处理后的水样以5 mL/min的流速流过已活化好的固相萃取柱，最后用10 mL水淋洗固相萃取膜/柱，弃去流出液。抽干固相萃取柱，或者用氮气吹干固相萃取柱。

洗脱干燥：5 mL二氯甲烷洗涤样品瓶后，转移至固相萃取柱，以2 mL/min进行洗脱固相萃取柱。洗脱液再经预洗过的干燥柱进行干燥，收集干燥后洗脱液至浓缩管中，再加入5 mL二氯甲烷，继续收集洗脱液至完全流出。

浓缩定容：将收集到的洗脱液在旋转蒸发仪或氮吹仪上进行浓缩，浓缩近干后转换溶剂为正己烷，加入内标使用液，定容至1.0 mL，转移至棕色样品瓶中待分析。

注：如果采集的水样中悬浮物浓度超过500 mg/L或堵塞固相萃取柱，建议用液-液萃取法提取样品。如果测定浓度过高，可稀释一定比例后上机分析。该方法适用于地表水、地下水、生活污水、工业废水和海水样品。

4. 标准曲线溶液配置

分别移取适量多环芳烃标准使用液，用正己烷稀释配制标准系列，标准系列浓度依次为 10.0 μg/L、25.0 μg/L、50.0 μg/L、100 μg/L、250 μg/L、500 μg/L，每 1.0 mL 标准溶液加入 10.0 μL 内标使用液。

可根据仪器参考条件上机分析，得到不同浓度标准溶液的质谱图，记录目标化合物、内标、替代物的保留时间和定量、定性离子峰面积（目标物和计算用相应内标参考表 3-8）。多环芳烃选择离子扫描（SIM）离子流图可参考图 3-1。可根据仪表灵敏度或线性范围，配制能够覆盖样品浓度范围的至少 5 个浓度点的标准曲线。

表 3-8　十六种 PAHs 名称及定量、定性离了和定量用参考内标

序号	化合物名称	定量离子	定性离子	类型	定量用内标 IS
1	萘-d8	136	68，137	IS1	/
2	萘	128	129，127	PAHs	IS1
3	2-氟联苯	172	171，173	替代物 1	IS2
4	苊烯	152	151，153	PAHs	IS2
5	苊-d10	164	162	IS2	/
6	苊	154	153，152	PAHs	IS2
7	芴	166	165，167	PAHs	IS3
8	菲-d10	188	94	IS3	/
9	菲	178	179，176	PAHs	IS3
10	蒽	178	179，176	PAHs	IS3
11	荧蒽	202	101，203	PAHs	IS3
12	芘	202	101，203	PAHs	IS3
13	对三联苯-d14	244	122，212	替代物 2	IS4
14	苯并［a］蒽	228	114，226，229	PAHs	IS4
15	䓛-d12	240	241，120	IS4	/
16	䓛	228	114，226，229	PAHs	IS4
17	苯并［b］荧蒽	252	126，253	PAHs	IS5
18	苯并［k］荧蒽	252	126，253	PAHs	IS5
19	苯并［a］芘	252	126，253	PAHs	IS5
20	苝-d12	264	260，265	IS5	/
21	茚并［1，2，3-cd］芘	276	138，277	PAHs	IS5
22	二苯并［a，h］蒽	278	139，279	PAHs	IS5
23	苯并［g，h，i］苝	276	138，277	PAHs	IS5

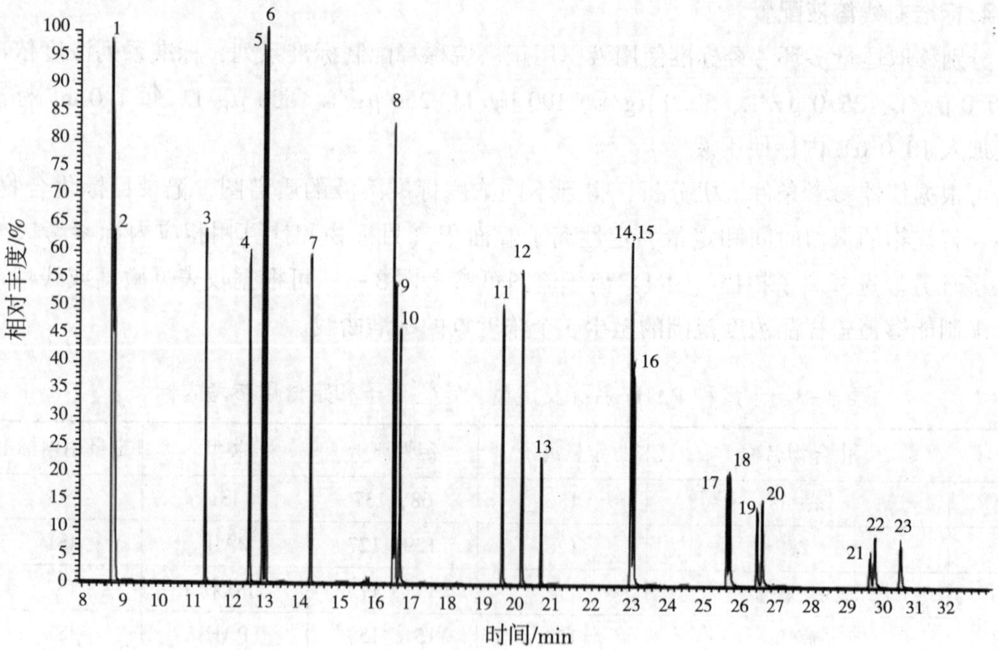

1—萘-d_8（内标）；2—萘；3—2-氟联苯（替代物）；4—苊烯；5—苊-d_{10}（内标）；6—苊；7—芴；8—菲-d_{10}（内标）；9—菲；10—蒽；11—荧蒽；12—芘；13—对三联苯-d_{14}（替代物）；14—苯并[*a*]蒽；15—䓛-d_{12}（内标）；16—䓛；17—苯并[*b*]荧蒽；18—苯并[*k*]荧蒽；19—苯并[*a*]芘；20—苝-d_{12}（内标）；21—茚并[1,2,3-*cd*]芘；22—二苯并[*a,h*]蒽；23—苯并[*g,h,i*]苝。

图 3-1　十六种 PAHs 总离子流（TIC）图

按仪器参考条件进行测定得到不同浓度目标化合物色谱图，记录保留时间和峰面积。以 PAHs 各化合物浓度与相应内标浓度的比值为横坐标，目标化合物和内标的定量离子峰面积比值为纵坐标，用最小二乘法绘制标准曲线。各物质标准曲线相关系数≥0. 995，否则需重新配置标准溶液并建立标准曲线。

根据样品中对应目标物的峰面积，内标法定量计算样品中 PAHs 各物质浓度。内标法定量计算公式如下：

$$C_i = \left(\frac{\dfrac{A_{\text{IS}}}{C_{\text{IS}}}}{\dfrac{A_{\text{Std}}}{C_{\text{Std}}}} \right) \times \frac{A_{\text{i}}}{\dfrac{A_{\text{Std}}}{C_{\text{Std}}}}$$

式中，下标 IS、Std 和 i 分别代表内标、标准物质和样品中该物质，*A* 代表峰面积或峰高，*C* 代表浓度值。

5. 气相色谱-质谱分析

（1）气相色谱分析条件（参考）

进样口温度：290 ℃；进样方式：分流进样，分流比为 10∶1（可根据样品浓度调整从不分流到 50∶1 分流）；进样量：1. 0 μL；柱温：60 ℃保持 1 min，从 10 ℃/min 升温到 280 ℃，及从 5 ℃/min 升温到 300 ℃，保持 5 min；载气：高纯氦气，流速：1. 0 mL/min。

（2）质谱分析条件（参考）

传输线温度：280℃；离子源温度：300℃；离子源电子能量：70 eV；扫描方式：选

择离子扫描（SIM）或全扫描模式；溶剂延迟时间：6 min；电子倍增电压：与调谐电压一致；其余参数设置可参照仪器使用说明书进行设定。

五、实验结果与讨论

（1）识别 16 种多环芳烃在气相色谱中的出峰特征及定量离子质谱图。

（2）学习标准曲线建立和内标法计算样品中目标物浓度的方法。

六、思考题

（1）萃取过程如何确保萃取效率？除了固相萃取方法外，还有什么其他萃取方法？

（2）如何评估实验过程中是否受到污染？

（3）内标法和外标法各自的优缺点是什么？

（4）环境中多环芳烃的主要来源有哪些？有什么危害？

七、实验注意事项

（1）本方法所用的溶剂和试剂均具有一定毒性，实验操作过程应在通风橱中进行，并按规定佩戴防护用具，避免接触皮肤和衣物。

（2）浓盐酸稀释时注意出酸入水。液-液萃取时注意放气。

（3）所有溶液均转移至具有聚四氟乙烯衬垫的螺口玻璃瓶内，4℃以下冷藏，密封避光保存。原液、母液和中间使用液保存期限为 1 年，或参照标准溶液证书要求保存。

建议本实验每组 1 人，6 学时。

实验 28 醛、酮类化合物高效液相色谱法定量分析

一、实验目的

（1）了解醛、酮类化合物的衍生化反应原理。

（2）掌握空气中醛酮类化合物的采样和前处理方法。

（3）了解液相色谱分析的原理。

（4）掌握液相色谱分析定量的计算方法。

二、实验原理

氨的衍生物和醛、酮反应，经亲核加成再失水反应，最后生成亚胺的衍生物，如醛、酮和苯肼反应，生成物称作苯腙（R-CH=N-NH_2 或 RR′C=N-NH_2）。肼基末端氮原子与羰基碳形成碳氮双键，即腙类化合物黄色沉淀。在酸性条件下，醛、酮类化合物与2，4-二硝基苯肼（DNPH）发生衍生化反应，可生成2，4-二硝基苯腙类化合物。同时，酸性条件下，腙又可水解成原来的醛、酮。

2，4-二硝基苯肼与乙醛、丙酮的反应方程式如下：

1. 亲核加成

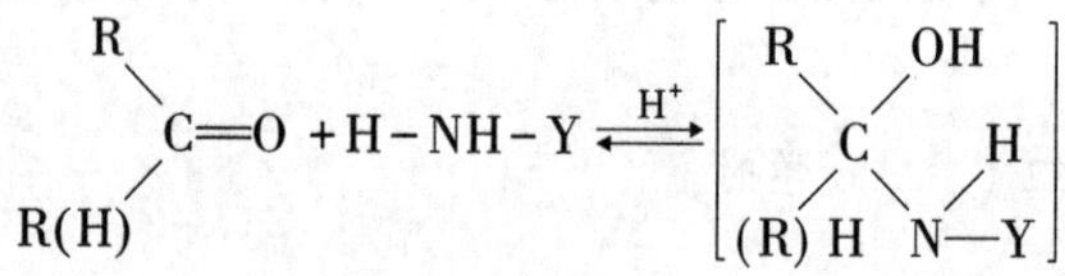

2. 消除反应

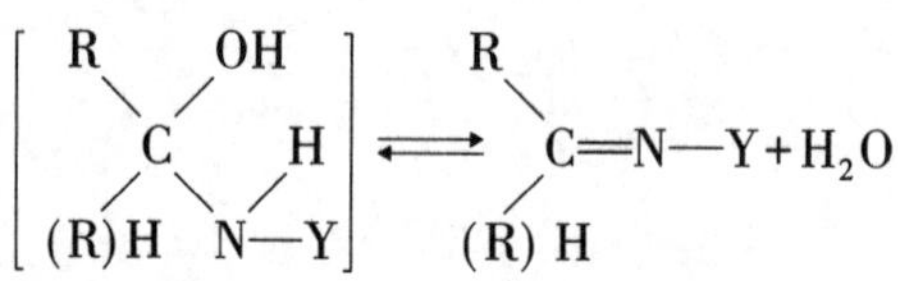

3. 醛酮的衍生化反应

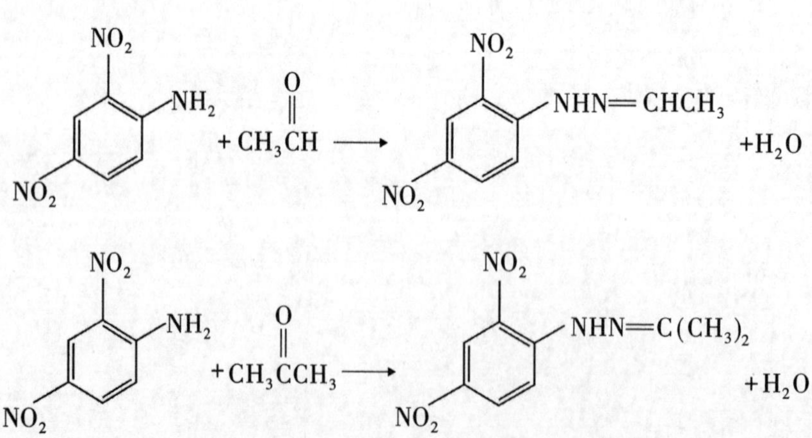

三、实验材料和仪器设备

1. 实验材料

超纯水、2，4-二硝基苯肼（DNPH，w ≥98. 0%）、盐酸（ρ=1. 19 g/mL，优级纯）、硅胶、无水硫酸钠（Na_2SO_4，450℃下烘烤 4 h，冷却后密封保存在磨口玻璃瓶中）。

甲醛、乙醛、丙烯醛、丙酮等醛酮类物质标准贮备液（ρ≈1000 μg/mL），醛、酮类-DNPH 衍生物标准贮备液（ρ=100 μg/mL，以醛、酮类化合物计），醛、酮类化合物标准贮备液（ρ=1000 μg/mL）。

高纯氮气（纯度≥99. 999%），0. 45 μm 聚四氟乙烯滤膜或 0. 45 μm 有机相过滤头。

二氯甲烷、正己烷、甲醇、乙腈，均为高效液相色谱纯化剂。

2. 仪器设备

采样和前处理仪器：空气采样器（采样流量 0. 1 L/min~1. 0 L/min），超声仪（或超声波清洗仪）。

玻璃装置：25 mL 棕色多孔玻板吸收瓶，25 mL 棕色气泡吸收瓶，浓缩装置（旋转蒸发装置或氮吹浓缩仪等），分液漏斗（2 L 和 125 mL，聚四氟乙烯活塞），棕色试剂瓶（1 L），锥形瓶（150 mL），样品瓶（棕色，2 mL）。

分析仪器：C18 色谱柱（4. 60 mm×250 mm×5. 0 μm，pH 范围：2~11，填料为十八烷基硅烷键合硅胶（ODS）的双封端反相色谱柱或其他性能相近的色谱柱），液相色谱（具有梯度洗脱功能），紫外或二极管阵列检测器。

四、实验内容

采集环境空气样品后，用二氯甲烷-正己烷混合溶液或二氯甲烷溶剂对衍生化后溶液进行萃取，浓缩，再更换为甲醇或乙腈溶剂，经高效液相色谱分离，紫外或二极管阵列检测器检测。根据保留时间定性，外标法定量。该方法还适用于环境空气和废气的污染源样品，参考了《环境空气 醛、酮类化合物的测定 溶液吸收 高效液相色谱法（HJ 1154-2020）》方法。

1. 试剂准备

醛、酮类-DNPH 衍生物标准储备液：ρ=10. 0 μg/mL（以醛、酮类化合物计）。移取 1. 00 mL 醛、酮类-DNPH 衍生物标准贮备液于 10 mL 容量瓶中，用乙腈稀释并定容至标线，混匀。标准储备液于 4 ℃以下密闭、避光冷藏，可保存 2 个月。

醛、酮类化合物标准储备液：ρ=100 μg/mL。移取 1. 00 mL 醛、酮类化合物标准贮备液 10 mL 于容量瓶中，用乙腈稀释并定容至标线，混匀。标准储备液于 4 ℃以下密闭、避光冷藏，可保存两周。

DNPH 饱和吸收液制备：称取 DNPH 试剂 4. 0 g 于棕色试剂瓶中，加入 180 mL 盐酸和 820 mL 水，超声 30 min，形成饱和溶液。过滤，将过滤后的 DNPH 饱和溶液转移至 2 L 分液漏斗中，加入 60 mL 的二氯甲烷，萃取 3 min（萃取过程需注意放气）。静置，待分层后，弃去下层有机相，再重复上述操作萃取一次。最后用 60 mL 正己烷萃取，当有机相与 DNPH 溶液分层后，将下层的 DNPH 溶液转移至经乙腈冲洗并干燥的棕色试剂瓶中密封，放置于装有活性炭的干燥器内保存。（注：每批 DNPH 饱和溶液应在采样前 48 h 内准备和纯化。纯化后空白应满足上机无目标无检出的要求。如用市售 DNPH 小柱，可不用制备 DNPH 饱和吸收液以及吸收瓶，可直接将 DNPH 小柱连接泵采样）

二氯甲烷-正己烷混合溶液：v ∶ v = 3 ∶ 7。

2. 样品采集

将装有 20 mLDNPH 饱和吸收液的棕色多孔玻板吸收瓶和分别装有 20 mL、10 mL 吸收液的棕色气泡吸收瓶联到空气采样器上。以 0.3 L/min～0.5 L/min 的流量，连续采样 1 h 左右（可根据环境浓度调整采样时间，总采样体积不超过 80 L）。如果采样时环境温度低于 4 ℃，吸收瓶应放在恒温箱中。采样连接如下示意图 3-2 所示。

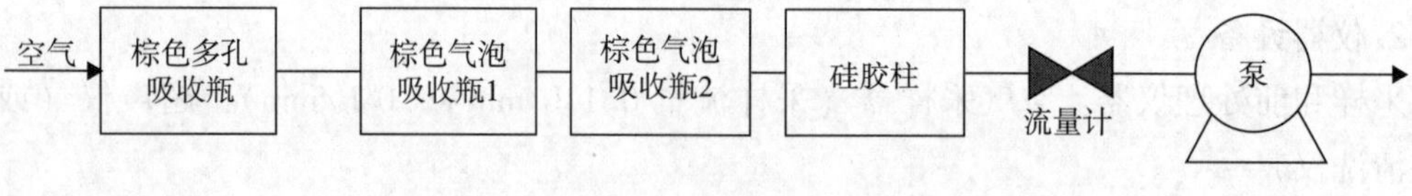

图 3-2　空气中醛酮类样品采集示意图

采样结束后，立即取下吸收瓶，密封帽密封，于 4℃以下密封避光冷藏保存。样品采集后 3 日内完成前处理，前处理后的样品需在 3 日内完成上机分析。

3. 样品前处理

将吸收瓶中的吸收液转移至 125 mL 分液漏斗，用少量二氯甲烷清洗吸收瓶 2 次，清洗液一并转移至分液漏斗，加入 10 mL 二氯甲烷或二氯甲烷与正己烷混合溶液，充分振摇 3 min，静置分层。

收集有机相于 150 mL 锥形瓶中，用 10 mL 二氯甲烷或二氯甲烷-正己烷混合溶液重复萃取水相 2 次，合并有机相，加入无水硫酸钠量至硫酸钠颗粒可自由流动。放置 30 min，除水后干燥。

将样品提取液转移至浓缩装置，40℃～45℃温度下浓缩至近干，更换溶剂为乙腈，用乙腈定容至 2.0 mL，充分混合后经滤膜或有机相过滤头过滤至样品瓶中待测。如果测定浓度过高，可稀释，按一定比例混匀后取稀释后样品上机分析。

4. 标准曲线溶液配置

取一定量醛、酮类-DNPH 衍生物标准使用液于乙腈试剂中，用乙腈稀释，配制浓度（以醛、酮类化合物计）分别为 0.10 μg/mL、0.20 μg/mL、0.50 μg/mL、1.00 μg/mL、2.00 μg/mL 和 4.00 μg/mL 的标准系列溶液，浓度由低到高依次进行高效液相色谱仪分析。

按仪器参考条件测定得到不同浓度目标化合物色谱图，记录保留时间和峰面积。以醛、酮类化合物浓度为横坐标，对应化合物峰面积为纵坐标，建立标准曲线。根据化合物的峰面积，采用外标法定量。

各物质标准曲线相关系数≥0.995，否则需重新配置标准溶液并建立标准曲线。

5. 液相色谱分析

仪器分析条件（参考）：

柱温箱温度：35℃；进样体积：5 μL 或 10 μL；紫外检测器波长：360 nm，流速：1.0 mL/min，梯度洗脱程序见表 3-9 或表 3-10。当采用不同流动相体系时，化合物出峰顺序有所不同。

表 3-9　液相色谱三相梯度洗脱程序

保留时间/min	乙腈/%	甲醇/%	水/%
0	20	45	35
6	0	70	30
20	0	80	20
30	35	45	20
35	20	45	35

表 3-10　液相色谱两相梯度洗脱程序

保留时间/min	乙腈/%	水/%
0	665	35
6	60	40
24	60	40
30	65	35

五、实验结果与讨论

（1）观察衍生化过程及现象。

（2）学习标准曲线建立，计算采集样品中目标物浓度。

六、思考题

（1）衍生化过程如何确保衍生化反应完全？

（2）该方法还适用于何种样品？还可以分析多少种醛酮物质？

七、实验注意事项

（1）萃取时注意放气。

（2）储备液和使用液注意密封、避光、冷藏保存。

建议本实验每组 1 人，6 学时。

第三节　功能高分子实验

功能高分子材料化学是研究功能高分子材料化学规律的科学，是高分子材料科学领域发展最为迅速、与其他科学领域交叉度最高的一个研究领域。它是建立在高分子化学、高分子物理等相关学科的基础之上，并与物理学、医学、甚至生物学密切联系的一门学科，涉及面广。众所周知，高分子化学，也称聚合物化学，是一门主要以人工合成的高分子材料为研究对象，对其组成、结构、化学性质等方面进行研究的科学。功能高分子是高分子化学领域中发展最快、最具重要意义的新领域。功能高分子材料以其独特的电学、光学、磁学以及其他物理化学性质引起人们的注意。功能高分子化学研究的主要目标和内容包括新材料的制备方法、物理化学性能表征、结构与性能之间的关系、应用开发研究等几个方面。其中结构与性能之间的关系研究建立起聚合物结构与功能之间的关系理论，以此理论可指导开发功能更强的，或具有全新功能的高分子材料。与其他材料一样，功能高分子材料的性能与其化学组成、分子结构和宏观形态存在密切关系，即构效关系。比如：电子导电型聚合物的导电能力依赖大分子中的线性共轭结构；高分子化学试剂的反应能力不仅与分子中的反应性官能团有关，而且与其相连接的高分子骨架相关；光敏高分子材料的光吸收和能量转移性质也都与官能团的结构和聚合物骨架存在对应关系；而高分子功能膜材料的性能不仅与材料微观组成和结构相关，而且与其超分子结构和宏观结构相关。因此，功能高分子化学研究的基本目的之一就是研究高分子骨架、功能化基团、分子组成和材料宏观结构形态与材料功能之间的关系问题，为充分利用现有高分子材料功能和开发新型功能材料提供理论依据。

本书从实验 29 至实验 36 列举了部分高分子化学类实验的合成原理、方法及适用的检测方法。

实验 29　羧甲基淀粉钠的制备

一、实验目的

(1) 掌握淀粉醚化合成技巧。

(2) 学会使用旋转黏度计。

二、实验原理

淀粉是由 α-D-葡萄糖缩聚而成的高分子化合物，其结构式为：

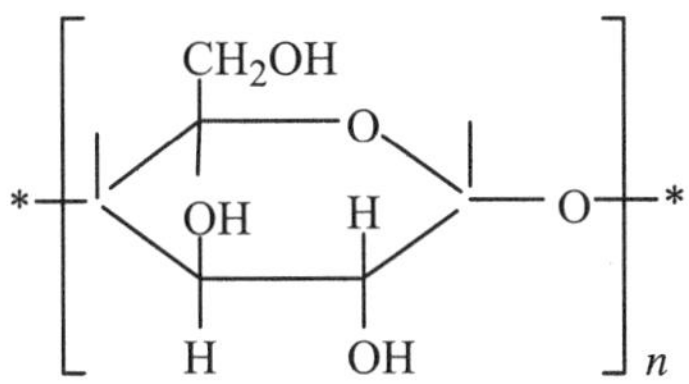

天然淀粉为中性分子，抱水性差，不宜作印花糊料，为此必须对淀粉进行改性，以替代价格昂贵的海藻酸钠印花糊料，常用的改性方法是利用具有双官能团的化合物与淀粉中的羟甲基进行酯化或醚化反应，得到淀粉酯及淀粉醚，本实验采用醚化法加以改性。

以一定浓度的氢氧化钠溶液处理淀粉制成碱化淀粉，后再在碱性条件下，加入醚化剂（一氯乙酸）反应制得。

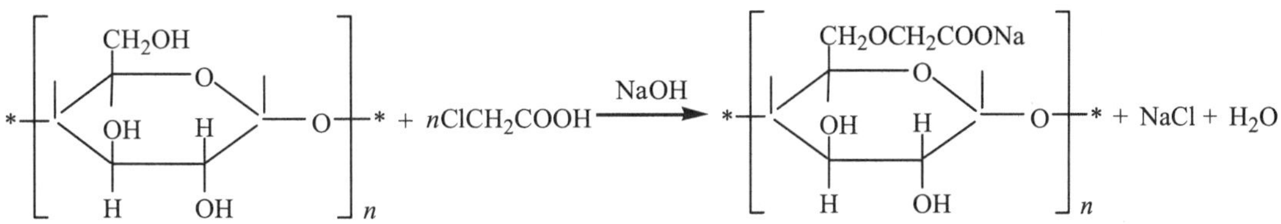

三、实验材料和仪器设备

1. 实验材料

淀粉（细度<100 目占 98%，水分<14%）、氢氧化钠（AR）、一氯乙酸（AR）、无水乙醇（AR）。

2. 仪器设备

旋转黏度计（型号：DV2TLV；厂商：美国 Bookfield 公司）、烧杯等。

四、实验内容

所用试剂摩尔比见表 3-11。

表 3-11　试剂用量汇总表

试剂	摩尔比
淀粉	1
烧碱	1
一氯乙酸	0.5

称取 20 g 淀粉放入 250 mL 烧杯中，加 50~60 mL 无水乙醇搅拌使之分散均匀。另称取一氯乙酸 6 g 加入 10 mL 乙醇中使之溶解，滴加 30% NaOH 水溶液调节 pH 值为中性。淀粉分散液在 30℃左右保温，取适量 30% NaOH（用于调节 pH 值，使体系保持中性）与一氯乙酸溶液同时滴加，保持速度使之在 1~1.5 h 内滴加完毕，继续反应 3.5~4 h，结束反应，抽滤，用 90%的乙醇充分洗涤，除去 NaCl 等杂质，滤饼干燥后即得羧甲基淀粉钠产品。

称取上述产品 20.0 g，加 150 mL 蒸馏水搅拌均匀，加热使之糊化（玻棒不断搅拌），产品成糊后，冷却至 20~25 ℃，用旋转黏度计测定其转子速度分别在 6 r/min 和 60 r/min 时的两个黏度，两个黏度之比即为印花工艺上很有用的物理参数，称印花黏度指数 *PVI*。

$$PVI = \eta_{60}/\eta_6$$

用空白淀粉糊化作相同测试，并作比较：

表 3-12　黏度测试值汇总表

	η_{60}	η_6	*PVI*
羧甲基淀粉钠			
空白			

五、实验结果与讨论

（1）分别记录转速 60 r/min 和 6 r/min 下的黏度值，计算印花黏度指数。

（2）比较羧甲基淀粉钠和淀粉印花黏度指数的差异，并分析其原因。

六、思考题

（1）淀粉上的另外两个羟基能否被醚化？

（2）本试验为什么要用乙醇作溶剂？能用水替代吗？

七、实验注意事项

在进行醚化实验操作时，温度不要过高，防止糊化（40℃以下）。

建议本实验每组 1 人，6 学时。

实验 30　醋酸乙烯酯的乳液聚合

一、实验目的

（1）了解乳液聚合的配方及乳液聚合中各个组分的作用。

（2）掌握实验室制备聚醋酸乙烯酯乳液的方法。

（3）熟悉聚合物乳液相对黏度的测定及其外观形貌的观测。

二、实验原理

1. 乳液聚合

单体在水介质中，由乳化剂分散成乳液状态进行的聚合称为乳液聚合，体系主要由单体、引发剂、乳化剂和分散介质组成。图 3-3 为乳液聚合过程示意图。

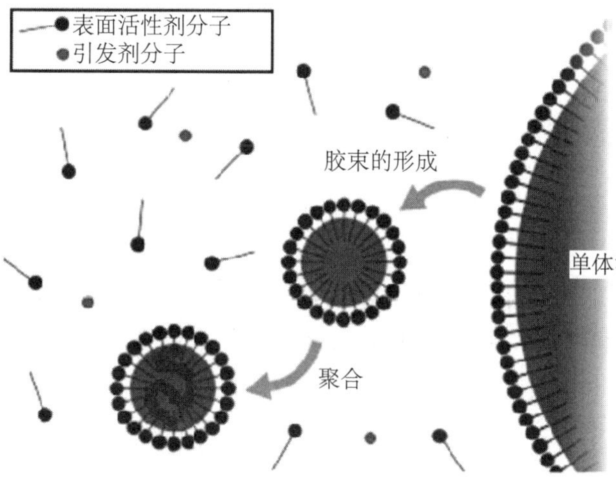

图 3-3　乳液聚合过程示意图

乳液聚合的特点之一是引发剂与单体处于两相，引发剂分解形成的活性中心只有扩散进增溶胶束中才能进行聚合。通过控制这种扩散，可增加乳胶粒中活性中心寿命，因而可得到相对高分子质量的聚合物。通过调节乳胶粒数量，可调节聚合反应速率。与其他聚合反应方法相比，乳液聚合可同时提高相对分子质量和聚合反应速率，因而适宜一些需要高的相对分子质量聚合物的合成。对于一些直接使用乳液的聚合物，也可采用乳液聚合。

醋酸乙烯酯是水溶性较大的单体，28 ℃时在水中的溶解度为 2.5%，因此它主要以均相成核形成乳胶粒。醋酸乙烯酯乳液聚合最常用的乳化剂是非离子型乳化剂聚乙烯醇。聚乙烯醇主要起保护胶体作用，防止粒子相互合并，而对于阴离子型乳化剂由于乳胶粒外负电荷的相互排斥作用，使乳液具有较大的稳定性，形成的乳胶粒小，乳液黏度大。实验中将非离子型乳化剂和离子型乳化剂按一定比例混合使用，可以提高乳化效果和乳液的稳定性。

乳液聚合的不足之处在于产物中含有的乳化剂难以除净，因此所得产物色泽较差，透明度不高，纯度较低，介电性能比较差，不宜用作电绝缘制品。

2. 醋酸乙烯酯主要性质和用途

醋酸乙烯酯胶乳广泛应用于建材纺织涂料等领域，主要作为胶黏剂使用，既需具有较好的黏结性，而且要求黏度低，固含量高，乳液稳定。

3. 醋酸乙烯酯合成原理

聚合反应采用过硫酸盐为引发剂，按自由基聚合反应历程进行聚合，主要聚合反应过程如下：

引发：

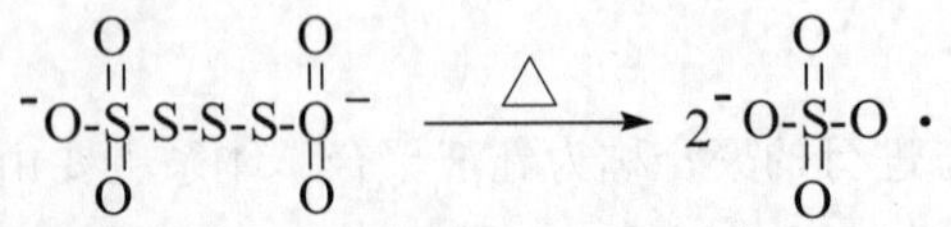

增长：

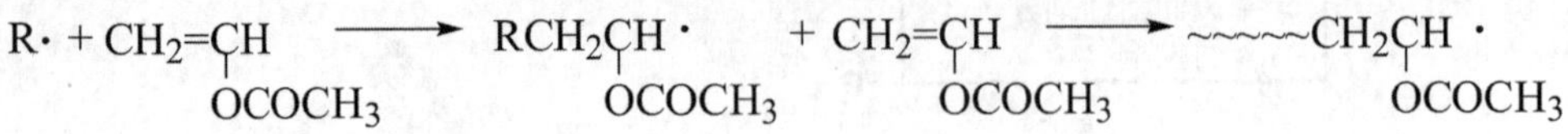

中止：

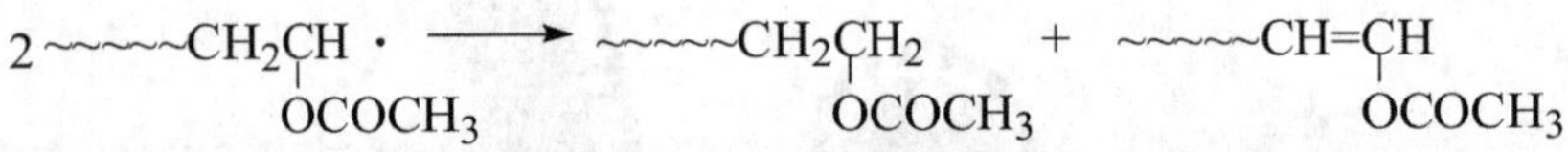

为使反应平稳进行，单体和引发剂均采用分批加入的方法，本实验过程中分两步加料进行。第一步：加入少量单体、引发剂和乳化剂进行预聚，可生成颗粒很小的乳胶粒子；第二步：继续滴加单体和引发剂，在一定搅拌条件下使其在原来形成的乳胶粒子上继续长大。此法得到的乳胶粒子，粒度大，粒径分布均匀，保证了胶乳在高固含量情况下，仍具有较低黏度。

三、实验材料和仪器设备

1. 实验材料

醋酸乙烯酯（AR）、聚乙烯醇（1788）、十二烷基磺酸钠（CP）、过硫酸铵（AR）、邻苯二甲酸二丁酯（AR）、脂肪醇聚氧乙烯醚硫酸钠（AES、CP）。

2. 仪器设备

旋转黏度计（型号：DV2TLV；厂商：美国 Bookfield 公司）、金相显微镜（型号：80i，厂商：日本 NIKON）、四口烧瓶、搅拌器、冷凝管、滴液漏斗、烧杯等。

四、实验内容

1. 聚合实验

四口烧瓶中装好搅拌器、回流冷凝管、滴液漏斗和温度计。根据配方准确量取各种试剂。首先加入 5.0 g 聚乙烯醇和 90 mL 去离子水。开动搅拌，加热水浴，升温至 80 ℃，将聚乙烯醇完全溶解。降温至 68~70 ℃，加入 1.0 g 十二烷基磺酸钠，搅拌下使其完全溶解，然后加入 5.0 g AES、2.5 g 引发剂和 21.4 mL 醋酸乙烯酯。反应 30 min 后，加入另一半引发剂，并开始滴加剩余单体42.8 mL。滴加速度控制在30~40 d/min，滴加时注意保持反应温度不变。单体滴加完后，继续反应0.5 h，再加入5.0 mL邻苯二甲酸二丁酯搅拌20 min。将反应体系降至室温，出料。

2. 固含量测定

在已称量好的铝箔中加入0.5 g左右试样（精确至0.000 1 g），放在真空烘箱中烘烤至恒重，按下式计算固含量：

$$固含量=\frac{m_2-m_0}{m_1-m_0}\times100\%$$

式中：m_0—铝箔重，m_1—干燥前试样与铝箔总重，m_2—干燥后试样与铝箔总重。

3. 转化率测定

$$转化率=[m_c-Sm_b/m_a]/[Gm_b/m_a]\times100\%$$

式中：m_c—取样干燥后的样品重量，S—实验中加入的乳化剂、引发剂、增塑剂总重，m_a—四口瓶内乳液体系总重量；m_b—取样湿重量；G为实验中醋酸乙烯酯单体加入总量。

4. 相对黏度的测定

利用旋转黏度计测量聚醋酸乙烯酯乳液的相对黏度。

5. 乳液粒子外观形貌的观测

通过金相显微镜观测乳液粒子的大小及形态。

五、实验结果与讨论

（1）观察乳液颜色变化，计算转化率。

（2）测定乳液的固含量。

（3）测定乳液粒径和成膜速度。

（4）测定聚醋酸乙烯酯乳液的相对黏度。

（5）观测聚醋酸乙烯酯乳液粒子的大小及形态。

六、思考题

（1）典型的乳液聚合三个阶段是什么？

（2）聚合过程中为什么要严格控制单体滴加速度和聚合反应温度？

（3）乳液聚合有哪两种粒子成核过程？醋酸乙烯酯的乳液聚合属于哪种？

七、实验注意事项

（1）醋酸乙烯酯为无色液体，沸点71~73 ℃，高度易燃，应远离火种存放，使用时尽量避免吸入蒸气。

（2）引发剂加入时应尽量避免减少损失，否则会出现加入引发剂而不进行聚合的现象。

（3）聚合温度应控制在实验要求范围内，不宜偏高或偏低。偏高会出现明显沸腾现象，控制不当还会冲料，偏低会看不到明显的聚合发生。

（4）聚合反应后期体系黏度增大，应适当提高搅拌头转速。

建议本实验每组1人，6学时。

实验 31 明胶-阿拉伯树胶微胶囊的制备

一、实验目的

（1）了解有关微胶囊的基本知识。

（2）掌握水相复凝聚法制备微胶囊。

（3）掌握用光学显微镜观察微胶囊的外观形态、用粒径分布仪测定微胶囊的粒径分布的方法。

二、实验原理

微胶囊是指一种具有聚合物壁壳的微型密封结构，通过微胶囊化过程实现，即先将需要包覆的物质（主要为固体和液体）细化成为粒径极其微小的固体颗粒或液滴，然后以其为囊心，利用特殊的物理或化学方法，将具有成膜性能的聚合物在其表面沉积、涂覆而得。

复凝聚法是指以两种带相反电荷的高分子电解质做壁材，将芯材分散于其中，然后通过改变体系的 pH 值、温度或壁材浓度从而使两种壁材相互作用形成复合物，凝聚析出形成微胶囊。

明胶是一种高分子两性电解质，其等电点为 4~9，大多数产品的等电点为 4.8。在 pH 值超过 4.8 时，明胶上的-COOH 与介质中的-OH 相互作用，表现为带负电荷。在 pH 值小于 4.8 时，明胶接受介质中的质子而表现为带正电荷。阿拉伯树胶只含有-COOH，在水溶液中带负电荷。

在明胶-阿拉伯树胶溶液中，pH>4.8 时，明胶和阿拉伯树胶都带负电荷，相互间不发生作用；pH<4.8 时，明胶变为带正电荷，明胶和阿拉伯树胶间发生静电相互作用从而产生凝聚层，可以作为微胶囊的壳层。另外，由于明胶中含有-NH_2 和-COOH，可以通过交联剂，如醛类、明矾等，使壳层固化，适合于实际应用。

基于明胶-阿拉伯树胶溶液得到复凝聚物形成微胶囊的壁膜，通常需要满足以下条件：

（1）两者皆为稀溶液，浓度均小于 3%。

（2）溶液 pH<4.5。

（3）系统的温度高于明胶水溶液的凝胶温度。

（4）体系中的无机盐量小于临界量。

前三个条件中，固定其中两个，改变另外一个即可形成凝聚层。根据改变的条件不同，可以有以下方法：ⓐ稀释法；ⓑpH 调节法；ⓒ温度调节法。也可以把几种因素的改变结合在一起。

三、实验材料和仪器设备

1. 实验材料

阿拉伯树胶（CP）、明胶（CP）、冰醋酸（AR）、氢氧化钠（AR）、戊二醛（AR）、芯材（油性）。

2. 仪器设备

粒径测定仪（型号：s3500，厂商：美国 MICROTRAC 公司）、显微镜（型号：80i，厂商：日本 NIKON）、搅拌器、三品烧瓶等。

四、实验内容

（1）配制 3%明胶水溶液，3%阿拉伯树胶水溶液各 50 mL。

（2）称取油性芯材 4.5 g，与上述阿拉伯树胶水溶液混合均匀，然后加至上述的明胶溶液。在 40 ℃下，于三口烧瓶中以 650 r/min 乳化 10 min，得到 O/W 乳液。取少量样品，用光学显微镜观察形态，用粒径测定仪测量乳液的粒径分布。

（3）在慢速搅拌下，用 10% HAc 溶液调节 pH 值为 3.5～4，搅拌 20 min，然后用冰水浴冷却至 5 ℃，加入 2.0 g 戊二醛，用 10% NaOH 溶液调节 pH 值为 9，搅拌 20 min 后升温至室温。取少量样品，用光学显微镜观察微胶囊的形态，用粒径分布仪测定粒径分布。

（4）将上述所得微胶囊分散液过滤、水洗、干燥，即可得到固体微胶囊颗粒。

五、实验结果与讨论

（1）观察微胶囊的外形结构。

（2）测试微胶囊的粒径范围。

六、思考题

加入戊二醛的目的是什么？

七、实验注意事项

（1）乳化速度要一致。

（2）戊二醛用量不可过高。

建议本实验每组 1 人，6 学时。

实验 32　温敏性纳米水凝胶的合成及表征

一、实验目的

(1) 掌握实验室制备温敏性纳米水凝胶的方法。

(2) 了解温敏性纳米水凝胶合成中各个组分的作用及样品温敏性变化。

(3) 表征纳米水凝胶的结构与性能的关系。

二、实验原理

1. 主要性质和用途

聚 N-异丙基丙烯酰胺 P(NIPAM)水凝胶是一种典型的温敏性水凝胶，因其体积相转变温度在 32 ℃附近，接近人体温度，可用于浓缩分离、药物释放控制系统等。

2. 合成原理

聚合反应采用过硫酸盐为引发剂，单体 NIPAM 在交联剂 N,N′-亚甲基双丙烯酰胺 (BIS) 的作用下，按自由基聚合反应历程进行聚合，形成温敏性纳米水凝胶。主要聚合原理如下：

单体(NIPA)：

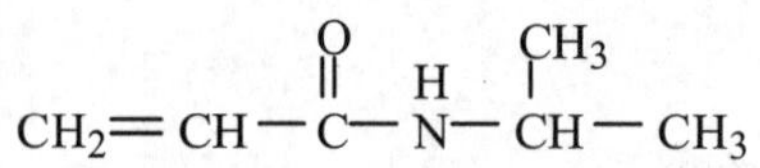

交联剂 (Bis)：

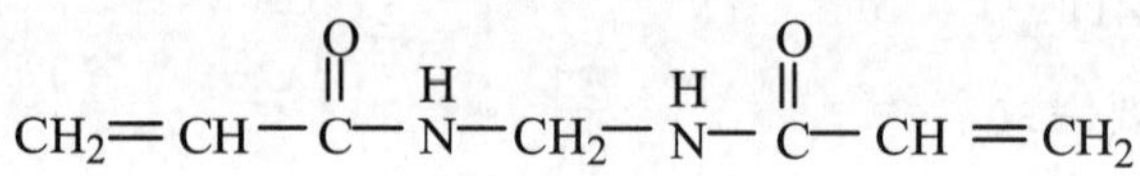

共聚物凝胶(PNIPA)：

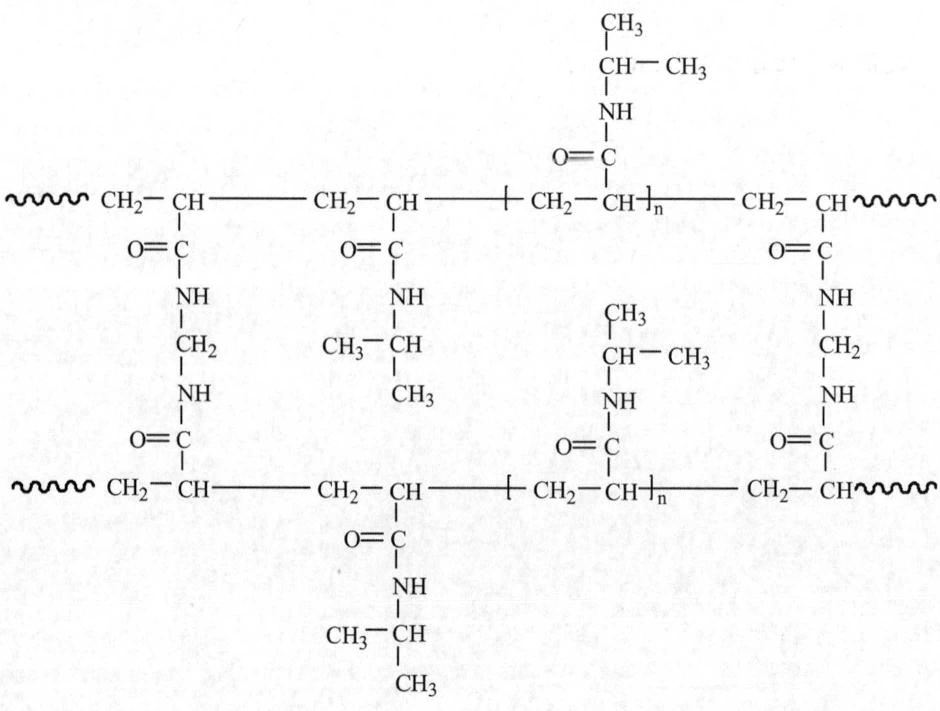

此法合成的聚（N-异丙基丙烯酰胺）（PNIPAM）是一种凝胶网络，有明显的温敏特性，其相转变温度（VPTT）在 32 ℃左右，PNIPAM 水凝胶对环境温度非常敏感，VPTT 附近微小的温度变化就可以使水凝胶发生可逆的、不连续的体积膨胀或收缩。

三、实验材料和仪器设备

1. 实验材料

N-异丙基丙烯酰胺（CP）、N,N′-亚甲基双丙烯酰胺（CP）、十二烷基硫酸钠（CP）、过硫酸铵（AR）、去离子水。

2. 仪器设备

激光粒度仪（型号：s3500，厂商：美国 MICROTRAC 公司）、真空冷冻干燥机、高速冷冻式台式离心机、迷你低温培养箱、紫外可见分光光度计（型号：Lambda35，厂商：新加坡 perkinelmer 公司）、四口烧瓶、搅拌器、冷凝管、温度计、烧杯等。

四、实验内容

1. 温敏性纳米水凝胶微球的合成

（1）搭好实验装置：四口烧瓶中装好搅拌器、回流冷凝管、翻口塞和温度计。根据配方准确量取各种试剂。首先加入 1.5 g N-异丙基丙烯酰胺、0.03 g N,N′-亚甲基双丙烯酰胺、0.04 g 十二烷基硫酸钠，以及 95 mL 去离子水。鼓入氮气除氧，用注射器套上充满氮气的气球插入翻口塞，开始搅拌，搅拌 1 h 使其完全溶解。将 0.07 g 过硫酸铵溶于 5 mL 去离子水中配制成引发剂，备用。

（2）加热水浴，升温至 70 ℃，使其保温 30 min，搅拌条件下用注射器逐滴加入配制好的引发剂。滴加时注意控制反应温度在 70 ℃不变。

（3）加入引发剂后，保持氮气气氛，继续反应 4 h。

（4）将反应体系降至室温，用透析袋（截留分子量 8 000~14 000）在室温下置于去离子水中透析，每天换水一次，一周后取出存于 250 mL 烧杯中备用。

2. 温敏性纳米水凝胶微球的表征

（1）取适量备用的聚 N-异丙基丙烯酰胺纳米水凝胶样品，用 DLS 激光粒度仪测试其粒径及单分散指数。

（2）取适量备用的聚 N-异丙基丙烯酰胺纳米水凝胶样品，用真空冷冻干燥机冷冻干燥，测试其固含量，并用傅里叶红外光谱仪对其结构进行表征。

（3）取适量备用的聚 N-异丙基丙烯酰胺纳米水凝胶样品，用高速离心机进行纯化分离，使凝胶尺寸分散性更为单一，即单分散指数更接近于 1。静置于 12 ℃的迷你低温培养箱中，使纳米水凝胶微球进行自组装，形成胶体晶体。

（4）取适量备用的聚 N-异丙基丙烯酰胺纳米水凝胶样品，用紫外可见分光光度计表征温敏性纳米水凝胶由于温度刺激而引起相变的特性，并测试纳米水凝胶形成的光子晶体的衍射波长。

五、实验结果与讨论

（1）观察实验现象。

（2）观察水凝胶的外观及颜色，测试合成水凝胶的结构，记录水凝胶的粒径范围。

六、思考题

（1）聚合完成后的水凝胶置于 50 ℃环境下会有什么现象？为什么？

（2）根据上题的现象，简单介绍聚 N-异丙基丙烯酰胺纳米水凝胶在生物上的应用及原理。

七、实验注意事项

（1）聚合反应要在无氧的情况下进行，注意保持体系的气密性。

（2）引发剂加入时应尽量避免损失，否则会出现加入引发剂而不进行聚合的现象。

（3）引发剂要现配现用，放置时间过久会影响聚合效果。

建议本实验每组 1 人，6 学时。

实验 33 可逆加成-裂解链转移(RAFT)聚合制备聚(N,N-二甲基丙烯酰胺)

一、实验目的

(1) 了解 RAFT 概念、原理及优势。

(2) 掌握 RAFT 聚合方法，制备特定分子量聚合物。

(3) 熟悉聚合物分离纯化方法。

二、实验原理

在高分子合成方法中，自由基聚合具有适用单体范围广、反应条件温和、工业化成本低等优点，是高分子工业生产中应用最广泛的聚合方法。然而由于传统自由基聚合在机理上具有慢引发、快增长、速中止等不足，导致对聚合物的微结构、聚合度和分子量分布控制能力差。阴离子聚合机理的特点在于快引发、慢增长、无终止和无转移，具有活性聚合的特征，例如：单体耗尽，阴离子仍保持有活性，加入新单体，可以继续聚合；分子量随转化率而线性增加，分子量分布窄；聚合物的端基、组成、结构和分子量都可以控制。随着活性聚合概念的引入，可控/“活性”自由基聚合可以有效弥补传统自由基聚合的不足，从而实现自由基聚合条件下聚合过程的可控。对于自由基聚合而言，其链增长对自由基浓度呈一级反应，而链终止则是呈二级反应。如能降低自由基的浓度或活性，就可以减弱双基中止，有望成为可控/“活性”聚合。一般措施是令活性增长自由基与某化合物反应，经链中止或链转移，使之退化成低活性的共价休眠种。但希望休眠种仍能分解成增长自由基，构成可逆平衡，并要求平衡倾向于休眠种一侧，以降低自由基浓度和链终止速率，这就成为可控/“活性”自由基聚合的关键。

按活性种和休眠种可逆互变的机理，主要包括三种途径：

(1) 增长自由基和稳定自由基可逆形成共价休眠种，逆反应为休眠种均裂成增长自由基，然后继续聚合。这一类常用的方法有三种——氮氧稳定自由基法、引发转移终止剂法、原子转移自由基聚合(ATRP)法。

(2) 增长自由基和非自由基化合物可逆形成休眠自由基，逆反应为休眠自由基均裂成增长自由基，再引发聚合。

(3) 增长自由基与链转移剂间的退化转移，主要是可逆加成-裂解链转移（RAFT）聚合法。

RAFT 聚合作为活性自由基聚合的一种，在传统自由基聚合体系中加入高链转移常数的链转移试剂，通过增长自由基与链转移剂之间的退化转移达到活性聚合的目的，RAFT 聚合机理如图 3-4 所示：

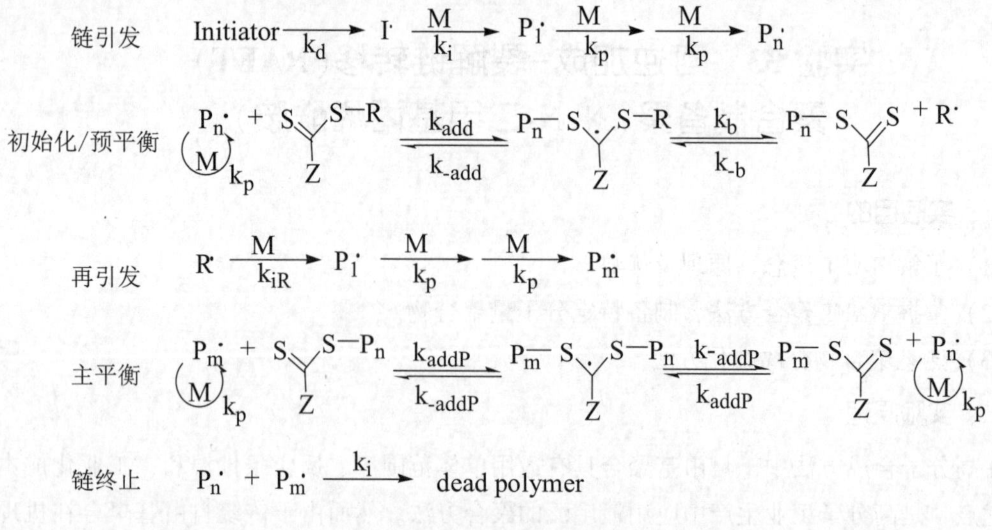

图 3-4 RAFT 聚合机理

在传统自由基聚合中，不可逆链转移反应导致链自由基永远失活变成死的大分子。与此相反，在 RAFT 聚合中，链转移是一个可逆的过程，链自由基暂时失活变成休眠种（大分子双硫酯链转移剂），并与活性种（链自由基）之间建立可逆的动态平衡，抑制了双基终止反应，从而实现对自由基聚合的控制。RAFT 聚合优势在于：ⓐ适用的单体范围广；ⓑ不会导致杂质或残存试剂难以从聚合产物中除去；ⓒ 分子量分布较窄；ⓓ聚合温度较低；ⓔ分子设计能力强，可以用来制备多种结构的高分子。

N,N-二甲基丙烯酰胺(DMA)分子酰胺基氮上的两个氢被甲基取代，共聚物的水解稳定性比丙烯酰胺有明显的提高，分子中活泼的双键，使其易于自聚或与其他单体共聚。因DMA 共聚物或自聚物具有优异的吸湿性、抗静电性、分散性、相容性和黏接性能等，可广泛用于化纤、塑料、造纸、印染、黏合剂、涂料、照相、印刷、化妆品、医药卫生和油田化学等领域，是一种具有广阔应用前景的新型单体。

本实验中，我们将采用 RAFT 聚合制备聚(N,N-二甲基丙烯酰胺)(PDMA)．以偶氮二异丁腈(AIBN)为引发剂，以 4-氰基-4-(苯基硫代甲酰硫基)戊酸为链转移试剂(CTA)，单体为 N,N-二甲基丙烯酰胺，反应溶剂为 N,N-二甲基甲酰胺(DMF)，具体反应方程式如下所示：

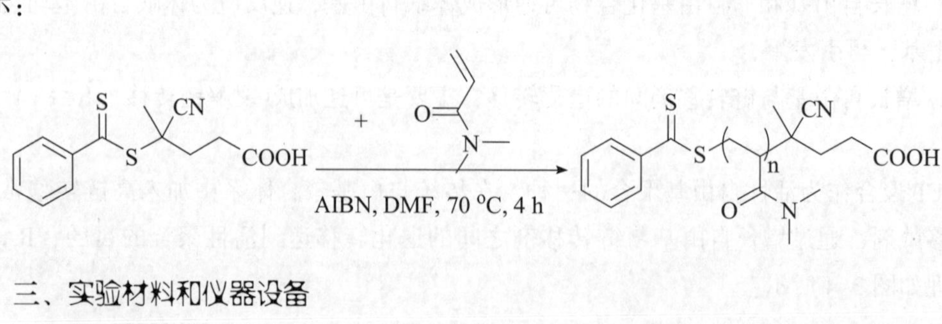

三、实验材料和仪器设备

1. 实验材料

4-氰基-4-(苯基硫代甲酰硫基)戊酸（>97%）、N，N-二甲基丙烯酰胺（98%）、偶氮二异丁腈（AR）、N，N-二甲基甲酰胺（AR）、无水乙醚（AR）。

2. 仪器设备

f 高速离心机、真空烘箱、红外光谱仪（型号：Spectrum Two，厂商：英国 PERKINELMER）。单口圆底烧杯、搅拌器、烧瓶等。

四、实验内容

1. PDMA 的合成

（1）合成步骤：在 10 mL 单口圆底烧瓶中加入 4-氰基-4-（苯基硫代甲酰硫基）戊酸（28 mg，0.1 mmol）、N，N-二甲基丙烯酰胺（1 g，0.01 mol）以及 2 mLDMF，加入磁力搅拌子后用橡皮塞密封。空温下，对配置的溶液进行充氮气（30 min）处理，除去体系中的氧气。随后，将烧瓶置于 70°C 油浴锅中。待温度稳定后，将 0.5 mL 溶解一定量 AIBN（4 mg，0.025 mmol）的 DMF 溶液（之前也经过充氮气处理）注入圆底烧瓶引发聚合反应，反应时间为 4 h。

（2）纯化步骤：反应结束后，将烧瓶置于冰水中淬冷，打开瓶口将反应溶液暴露在空气中。反应液用 50 mL 乙醚沉淀，离心，重复两次后得到固体粉末。35 ℃下真空干燥 24 h 至恒重，得到最终产物。

2. PDMA 的红外光谱表征

取适量 PDMA 固体粉末，用红外光谱仪对其结构进行表征。

五、实验结果与讨论

（1）对最终产物进行称重，计算聚合产率。

（2）对 PDMA 的红外光谱进行解析。

六、思考题

（1）解释 RAFT 聚合原理。

（2）RAFT 聚合中链转移试剂的作用是什么？

（3）PDMA 特征基团的红外峰归属。

七、实验注意事项

（1）引发剂 AIBN 的量不宜过多，与链转移剂的比例（摩尔比）不要超过 0.25。

（2）通氮气时间要充分，并且保证反应体系的密封性。

（3）沉淀过程，乙醚要大大过量，体积为反应液的 20~40 倍之间。

建议本实验每组 1 人，6 学时。

实验34　本体聚合及有机玻璃的制备

一、实验目的

（1）了解本体聚合的特点，掌握本体聚合的实施方法。

（2）熟悉有机玻璃的制备方法及工艺。

（3）了解有机玻璃的基本表征方法。

二、实验原理

在聚合中，不加其他介质，仅有单体在少量的引发剂或热、光、辐射等引发作用下进行的聚合称为本体聚合。若采用热引发、光引发或高能辐射引发，则聚合体系仅有单体组成，连引发剂也不存在。聚合体系可能是均相的，生成的聚合物可以溶于单体。随着聚合反应的进行，体系黏度增加，直到凝固为透明均匀的聚合物。

本体聚合能否实施，主要取决于两个因素：一是单体的聚合热问题，各种单体在转化为聚合物时，所释放的热量差异很大，因此一般聚合热小的单体比较适合采用本体聚合；二是活性链与单体的反应能力，一般而言，反应能力比较迟钝的单体比较容易实现本体聚合。

本体聚合选用的引发剂应当与单体有良好的相容性。由于多数单体属于油溶性物质，因此多选用油溶性引发剂。另外，有时因聚合反应需要，还可以加入适量的相对分子质量调节剂和润滑剂等助剂。

各种聚合反应几乎都可以采用本体聚合，如自由基聚合、离子型聚合、配位聚合等都可以采用本体聚合，缩聚中的固相缩聚、熔融缩聚等也可以采用本体聚合。气态、液态和固态单体均可以采用本体聚合。

本体聚合的最大优点是聚合组成少，仪器设备比较简单，生产简单，易于连续化生产，反应比较快，产率高，聚合产物纯度高、透明性好，所得聚合物可直接成型加工，特别适用于生产透明制品，如聚甲基丙烯酸甲酯多用本体聚合制得。另外，由于聚合产物纯净，无须与聚合中的介质分离，也不存在介质回收等后续处理工艺，因而聚合装置及工艺流程相应比较简单，生产成本较低。

本体聚合的不足为反应热难于排除。当聚合反应的转化率提高后，体系黏度不断增大，会出现反应自动加速现象，体系容易出现局部过热，使副反应加剧，导致相对分子质量分布变宽、支化度变大、局部交联等；严重时会导致聚合反应失控，甚至引起爆聚。因此控制聚合反应热，如何有效、及时地将反应热导出、移除是本体聚合中必须解决的问题。通常通过以下方法或途径来移除聚合热，控制聚合反应温度。

①在反应进行到较低转化率时，就设法分离出聚合物。

②采用较低的反应温度，采用低浓度的缓慢引发剂，以保持聚合反应速率比较缓慢。

③分成多步进行聚合，分批释放聚合热。

④用紫外光或辐射引发，使聚合能在较低的温度下进行，以利于热量的传递。

甲基丙烯酸甲酯在偶氮二异丁腈引发剂存在下进行如下聚合反应：

$$nCH_2{=}\underset{}{\overset{CH_3}{\overset{|}{C}}}{-}COOCH_3 \longrightarrow {+}CH_2{-}\underset{\underset{COOCH_3}{|}}{\overset{\overset{CH_3}{|}}{C}}{+}_n$$

聚甲基丙烯酸甲酯（PMMA），即为有机玻璃，可通过本体聚合方法获得。由于甲基丙烯酸甲酯具有庞大的侧基，其产品往往为无定形固体。其突出的性能是具有高度的透明度，透光率可达90%以上；比重小，故有机玻璃制品比同体积的无机玻璃要轻巧得多；耐冲击强度好，低温性能良好，是航空工业与光学仪器制造工业的重要原料。有机玻璃表面光滑，在一定的弯曲限度内，光线可在其内部传导而不逸出，故外科手术中利用它把光线输送到口腔、喉部等作照明。电性能优良，电子、电气工业中常用来作为绝缘材料。有机玻璃又由于它着色后色彩五光十色，鲜艳夺目，而被广泛应用于装饰材料和日用制品。

三、实验材料和仪器设备

1. 实验材料

甲基丙烯酸甲酯（MMA）、偶氮二异丁腈（AIBN）、硬脂酸。

2. 仪器设备

试管、三口烧瓶、冷凝管、恒温水浴锅、搅拌器、紫外可见分光光度计等。

四、实验内容

（一）配方(g)

50 g 甲基丙烯酸甲酯、0.25 g 偶氮二异丁腈、0.3 g 硬脂酸。

（二）操作步骤

（1）预聚合：准确称取0.25 g 偶氮二异丁腈、50 g 甲基丙烯酸甲酯，混合均匀，投入250 ml、配有冷凝管的三口烧瓶中，开启冷却水，采用水浴恒温。开动搅拌，升温至80℃，观察反应物黏度变化。若预聚物具有一定黏度（比甘油稍黏些），加入0.3 g 硬脂酸，搅拌使之溶解，然后移去热源，冷却至室温。

（2）浇筑灌模：取小试管若干支，分别进行灌注，灌注高度一般为5~7 cm（灌注过高，压力太大，有可能使气泡不易逸出，留在聚合物内）然后静置片刻，或在60 ℃的水浴中加热数分钟，直到试管内无气泡，即可取出，放进50℃左右的水浴中直至硬化。硬化后，在沸水中熟化1 h，使反应趋于完全。撤除试管，可得到一透明度高、光洁的有机玻璃圆柱体。

五、实验结果与讨论

（1）透光率测定：利用紫外-可见光光谱仪进行测试，波长范围200~1 100 nm。

六、思考题

（1）为什么要进行预聚合？

（2）硬脂酸在有机玻璃的制备中起到什么作用？

七、实验注意事项

（1）本体聚合中的突出特点是有“凝胶效应”，即在聚合过程中，当转化率达到10%~20%时，聚合速率突然加快，物料的黏度骤然上升，以致发生爆发性聚合，即“爆聚”现象。实验中应注意观察现象。

（2）为提高学生实验兴趣，试管中可由学生放入工艺品，但不要放入动物、植物和有机物。

（3）预聚时不要摇动瓶子，以减少氧气在单体中的溶解。

建议本实验每组1人，6学时。

实验 35 界面聚合及复合纳滤膜的制备

一、实验目的

（1）了解界面聚合的特点，掌握界面聚合的实施方法。

（2）了解界面聚合法制备复合纳滤膜。

二、实验原理

在缩聚反应中，以高活性单体代替活性较低的单体，聚合可在较低的温度下完成。这类反应具有不平衡缩聚的反应特征。界面缩聚是缩聚反应的特有实施方式，将两种单体分别溶解于互不相溶的两种溶剂中，聚合反应只在两相溶液的界面上进行。界面聚合具有不同于一般的逐步聚合反应机理，单体由溶液扩散到界面，主要与聚合物分子链段的官能团反应。通过聚合反应在界面的有机相一侧进行，如多元胺与多元酰氯的聚合反应。界面聚合具有以下特征：两种反应物并不需要以严格的当量比加入；高分子量聚合物的生成与总转化率无关；界面聚合反应一般是受扩散控制的反应。

要使界面聚合反应成功地进行，需要考虑的因素有：将生成的聚合物及时移走，以使聚合反应不断进行；采用搅拌等方法提高界面的总面积；反应过程中有酸性物质生成，为了促进反应进行，则要在水相中加入碱；有机溶剂仅能溶解低分子量聚合物；单体最佳浓度比应能保证扩散到界面处的两种单体为等摩尔比的配比，而非 1 : 1。

哌嗪与均苯三甲酰氯通过界面聚合反应可以获得如下产物：

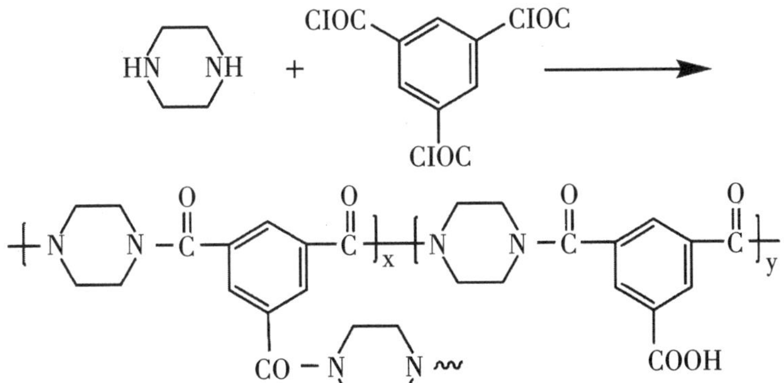

红外光是一种波长介于可见光区和微波区之间的电磁波谱。波长在 0.78~300 μm。通常又把这个波段分成三个区域，即近红外区：波长在 0.78~2.5 μm（波数在 12 820~4 000 cm^{-1}），又称泛频区；中红外区：波长在 2.5~25 μm（波数在 4000~400 cm^{-1}），又称基频区；远红外区：波长在 25~300 μm（波数在 400~33 cm^{-1}），又称转动区。其中中红外区是研究、应用最多的区域。

红外光谱具有许多优点，首先是应用面广，提供信息多且具有特征性，故把红外光谱通称为“分子指纹”。它最广泛的应用还在于对物质的化学组成进行分析。用红外光谱法可以根据光谱中吸收峰的位置和形状来推断未知物的结构，依照特征吸收峰的强度来测定混合物中各组分的含量。其次，它不受样品相态的限制，无论是固态、液态以及气态都能直接测定，甚至对一些表面涂层和不溶、不熔融的弹性体（如橡胶）也可直接获得其光谱。它也不受熔点、沸点和蒸气压的限制，样品用量少且可回收，属于非破坏分析，而作为红外光谱的测定工具-红外光谱仪，与其他近代分析仪器（如核磁共振波谱仪、质谱仪等）比较，构造简单，操作方便，价格便宜。因此，它已成为现代结构化学、分析化学最常用和不可缺少的工具。根据红外光谱与分子结构的关系，谱图中每一个特征吸收谱带都对应于某化合物的质点或基团振动的形式。因此，特征吸收谱带的数目、位置、形状及强度取决于分子中各基团（化学键）的振动形式和所处的化学环境。只要掌握了各种基团的振动频率（基团频率）及其位移规律，即可利用基团振动频率与分子结构的关系，来确定吸收谱带的归属，确定分子中所含的基团或键，并进而由其特征振动频率的位移、谱带强度和形状的改变，来推定分子结构。

三、实验材料和仪器设备

1. 实验材料

哌嗪、均苯三甲酰氯、氢氧化钠、正己烷、去离子水。

2. 仪器设备

鼓风干燥箱、傅立叶变换红外光谱仪、膜性能测试仪。

四、实验内容

1. 配方(g)

0.3 g 哌嗪、0.2 g 氢氧化钠、0.15 g 均苯三甲酰氯

2. 操作步骤

（1）水相溶液的配制：称量 0.3 g 哌嗪和 0.2 g 氢氧化钠，置于 250 mL 烧杯中，加入 100 mL 去离子水使其溶解；

（2）油相溶液的配制：称量 0.15 g 均苯三甲酰氯溶解于 100 mL 环已烷中；

（3）取 25 mL 水相溶液置于烧杯，取 25 mL 油相溶液沿烧杯壁缓缓倒入盛有油相溶液的烧杯中，此时烧杯中两层溶液的界面立即形成一层聚合物薄膜。用玻璃棒小心地将界面处的聚合物薄膜拉出，并缠在玻璃棒上，直至酰氯反应完毕。用去离子水充分洗涤，干燥，得聚酰胺样品。

（4）复合纳滤膜的制备：将支撑膜浸入水相溶液 5 分钟，取出；擦去表面多余水分，再浸入油相溶液，反应时间为 1 分钟，取出；将复合膜于 60℃ 烘箱中热处理 15 分钟，接着用去离子水漂洗数次后，得到聚酰胺复合纳滤膜。

（5）聚酰胺及复合纳滤膜的表征。

五、实验结果与讨论

（1）利用傅里叶变换红外光谱仪进行成分分析：将界面聚合反应所得的聚酰胺样品进行红外测试，并对所得谱图进行特征峰归属。

（2）利用膜性能测试仪测试复合纳滤膜的分离性能：利用膜性能测试仪测试所制备的复合纳滤膜的分离性能，根据公式 $F=V/(At)$ 计算膜的渗透通量，其中：F 为水通量

（单位：$L \cdot m^{-2} \cdot H^{-1}$）；$V$ 为渗透的滤液体积（单位：L）；A 为膜的有效醛（单位：m^2）；t 为时间（单位：h）。

六、思考题

（1）界面聚合中界面的作用是什么？

（2）界面聚合法制备复合纳滤膜，关键影响因素是什么？

（3）另举一界面缩聚在生产上应用的例子。

七、实验注意事项

（1）均苯三甲酰氯易水解，取药品时要注意防护。

（2）正己烷为易挥发溶剂，实验过程中应注意防护。

建议本实验每组 1 人，6 学时。

实验 36　水塑性塑料的制备及性能研究

一、实验目的

（1）了解水塑性塑料的概念。

（2）掌握紫外光引发自由基聚合的方法。

（3）熟练使用电子万能试验机表征塑料的力学性能。

二、实验原理

1. 水塑性塑料

传统的塑料加工主要依赖于高温、高压等苛刻条件以及复杂的设备，能耗高。受到塑料加工过程增塑剂作用的启发，水分子作为一种“绿色”的增塑剂，可以有效软化高分子，有助于材料的变形和加工，且通过控制脱水可以按需除去水这一增塑剂，实现“定形”。这一加工过程称为水塑加工，可水塑加工的塑料则为水塑性塑料。

2. 合成原理

甲基纤维素（MC）作为纤维素的醚化产物能够以一定的浓度溶于水形成透明的溶液，当其与甲基丙烯酸（MAA）混合后会立刻发生相互作用，生成沉淀，这主要源于 MC 和 MAA 之间形成的强氢键（羧酸-醚氢键）作用，以及 MAA 上 α-甲基带来的疏水相互作用。将沉淀通过高速离心搜集，在光引发剂存在下，365 nm 紫外光可引发 MAA 自由基聚合，随后泡水平衡除去未反应单体，即可得到透明的水凝胶。水凝胶自然风干，可得到透明的水塑性塑料。

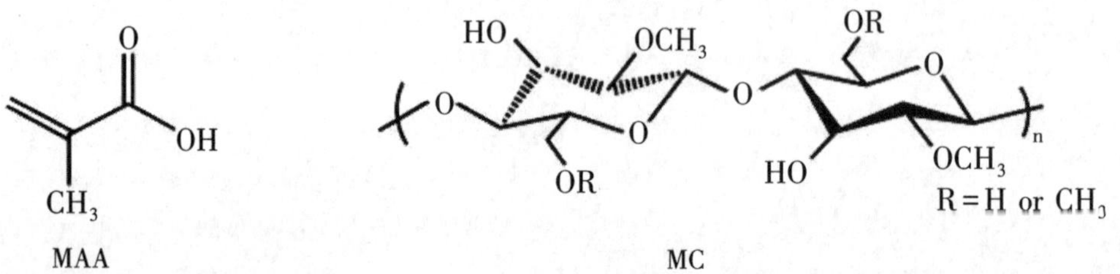

MAA　　　　MC

三、实验材料和仪器设备

1. 实验材料

甲基纤维素，甲基丙烯酸，1-［4-（2-羟基乙氧基）苯基］-1-丙酮（I2959），去离子水。

2. 仪器设备

电子天平、高速离心机、磁力搅拌器、紫外光固化机、电子万能试验机、玻璃板、烧杯等。

四、实验内容

（1）配备 5 wt%的 MC 水溶液 10 g，MAA 1 g（含光引发剂 I2959 0.01 g）。

（2）将上述配置的 MC 水溶液和光引发剂/MAA 溶液混合搅拌，搅拌速度为 1000 rpm，持续时间为 2 h，即产生 MC/MAA 复合物沉淀。

（3）将上述混合液转移至离心管，在 10000 rpm 转速下高速离心 30 min，收集 MC/MAA 复合物沉淀用高速离心机。

（4）将搜集的沉淀小心夹在两片洁净的玻璃板之间，中间为硅胶垫模具，避光静置 12 h 后置于紫外光固化机聚合 1 h，具体操作如图 3-5 所示，聚合完成后浸入去离子水中浸泡 24 h，得到 MC/PMAA 水凝胶。

（5）将 MC/PMAA 水凝胶自然风干，即可得到 MC/PMAA 水塑性塑料。

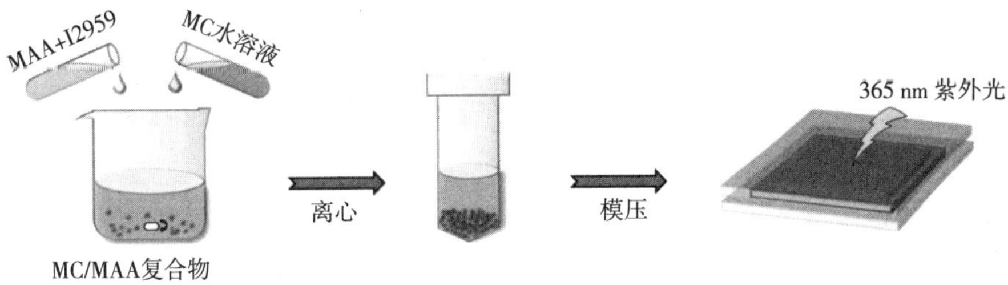

图 3-5　MC/PMAA 水凝胶制备过程

五、实验结果与讨论

（1）利用电子万能试验机测试塑料的力学性能。

（2）将 MC/PMAA 塑料泡水软化后，进行形状编辑，验证反复水塑加工行为。

六、思考题

（1）如果把 MAA 换成没有 α-甲基的丙烯酸，是否还会有沉淀生成？

（2）如果最后得到的塑料不均匀，可能是制备过程中哪些因素造成的？

七、实验注意事项

（1）商业化的甲基丙烯酸含有稳定剂（MEHQ），它的存在会影响甲基丙烯酸单体的聚合效率，通过简易过柱的方法，用中性氧化铝去除稳定剂以便后续使用，甲基纤维素以及光引发剂 I2959 无需经过处理可直接使用。

（2）测试力学曲线时，要保证测试每个样品的拉伸速率一致，从而保证数据的对比性。

建议本实验每组 1 人，6 学时。

第四节　设计性实验—自交联丙烯酸酯乳液的合成及应用

乳液聚合技术萌生于二十世纪早期，三十年代见于工业生产，目前乳液聚合已经成为高分子科学和技术的重要领域，是生产高聚物的重要方法之一。

聚合物的水乳液有很多优点，水为最清洁的介质，没有燃烧、爆炸、中毒的危险，同时由乳液聚合法产出的乳液粒径很小，可以部分地渗入被处理物体的微观裂缝中去，达到良好的黏合、涂覆效果。正因为乳液聚合有其独特的特点，所以广泛应用在很多技术领域，可以用作木材、织物、合成材料、金属等许多材料的黏合剂、涂料、织物处理剂、皮革浸渍剂、纸张处理剂、水泥添加剂、抛光剂等。

一、实验目的

通过本次实验，可以进一步熟悉有机合成及高分子乳液聚合方法，初步了解自交联丙烯酸乳液在纺织品及其他领域的应用。

二、实验原理

乳液聚合分四个阶段：分散阶段、乳胶粒生成阶段、乳胶粒生长阶段以及聚合反应完成阶段。乳液聚合反应发生在水相粒的乳胶液中，尽管在乳胶粒内部黏度很高，但由于连续相是水，在这样的体系中，由内向外传热容易，不会出现局部过热，更不会爆聚，故在乳液聚合体系的乳胶粒中的温度分布更均匀。乳液聚合体系中，引发剂溶于水相，在水相中分解成自由基，自由基由水相扩散到胶束中或乳胶粒中，在其中引发聚合。一个个自由基链被封闭在彼此孤立的乳胶束中，不同乳胶束由于表面带电而存在静电斥力，所以不同乳胶束中的自由基链之间碰撞到一起而进行终止的概率为零，故乳液聚合既有高的反应速率，又可达到高分子量的聚合物。

三、实验内容

（一）羟甲基丙烯酰胺的合成

1. 合成

丙烯酰胺：10 克溶于 26 mL 水中

甲醛：26 克

10%Na_2CO_3 调节 pH 值

往三颈瓶中加入丙烯酰胺溶液及甲醛，回流状态下边搅拌边用 10%Na_2CO_3 调节 pH 值为 8.5，缓慢升温至 70 ℃，保温反应 1.5 小时，反应过程中若 pH 值下降，则继续用 10% Na_2CO_3 调节，保持 pH 值为 8.5。反应结束后，冷却至室温，取部分产品置于称量瓶中，称重，放入冷冻机中结晶，剩余产品置于烧杯中待用。

2. 测试

（1）测固含量。

固含量为：恒温质量/溶液质量（温度过高容易聚合）。

(2) 冷冻结晶计算产率。

将制备的羟甲基丙烯酰胺溶液在冷冻干燥机中处理，结晶、过滤、称量，并计算产率，

(3) 红外光谱分析。

将所得结晶 N-羟甲基丙烯酰胺测试红外光谱，分析谱图上的特征峰。

(二)N-羟甲基丙烯酰胺与丙烯酸酯等单体的共聚反应(根据资料查阅,制定配方和合成路线)

N-羟甲基丙烯酰胺与丙烯酸酯等单体乳液共聚，制得的膜致密、光洁，可用以替代有易燃易爆、污染环境等弊病但应用性能优异的溶剂型产品。其中，交联剂 N-羟甲基丙烯酰胺的质量分数对自交联丙烯酸酯乳液涂层剂膜的吸水性和抗渗水性有较大的影响，应根据织物需要进行适当调整。同时，丙烯酸酯单体与苯乙烯单体乳液共聚，可使共聚物的玻璃化温度（Tg）和膜的力学性能得以调节，故软硬单体配比发生变化时，会影响共聚物组成的相应变化，从而使涂层剂膜的力学性能表现出较大的差异，也因根据需要选择合理的配比。另外，乳化剂用量也会对膜的理化性能产生影响，乳化剂用量太高对膜的耐水性能不利，由于乳化剂会带入大量的亲水性基团，使膜的耐水性变差，手感发粘；但乳化剂用量过少时，仅有部分乳胶粒表面被乳化剂分子覆盖，易使乳胶粒聚结产生凝聚物，从而使膜致密性差且光泽度下降。合适的乳化剂用量，可以使乳胶粒不易聚结，乳液成膜致密且光泽性好，因此实验时需选择适当的乳化剂比例。

1. 合成

根据设计制定的配方及合成路线进行乳液聚合。

2. 测试

(1) 测试乳液含固量与单体转换率

乳液含固量% = 烘干后乳液恒重质量/乳液质量 * 100%

单体转化率% = 烘干后乳液恒重质量/理论值 * 100%

(2) 乳液粒径及粒径分布

方法一：使用 QXP-100 型 ISO 刮板细度计（粒径范围 0-100 μm），该方法可粗略测出乳液的粒径范围。

方法二：使用显微图像分析系统分析乳液粒径，该方法可通过显微图像比较直观地观察到乳液中粒子的形态，计算出粒子的平均直径和粒径分布。

方法三：使用激光粒度仪测试乳液平均粒径和粒径分布，该方法可通过颗粒光散射原理，根据光学理论推算乳液中粒子的平均直径和粒径分布。

(3) 乳液的黏度

使用转子黏度计测试乳液的黏度。

(三)自交联丙烯酸酯乳液的应用

1. 乳液成膜性能测试

将合成的乳液在玻璃片或光滑面上，用玻璃棒刮薄薄的一层，10 分钟后观察成膜情况。

（1）吸水率。

经烘焙后的干膜称至恒重后，浸入 25 ℃的水中 24 小时，吸干膜表面的水珠，称重。

膜吸水率%=（湿膜质量-干膜质量）/干膜质量 * 100%

涂层膜的吸水率是随着交联剂用量的增加会呈下降趋势的，因为交联剂和功能性单体共聚反应后，大分子链上便会引入$-CH_2OH$、-COOH 等活性基团，在烘焙条件下，大分子链之间发生交联反应，随着其用量的增加，链接上的亲水基团被有效封闭，涂层膜的吸水率下降，涂层织物的防水性增强。

（2）膜强韧性。

将膜剪成 2cm 宽的细条，在强力测试仪上测定应力应变情况，得到拉伸强力和断裂伸长率。

丙烯酸酯单体与乙烯基单体乳液共聚，可使共聚物的玻璃化温度（Tg）和膜的力学性能得以调节。当硬单体比值太小时，硬单体量过小，Tg 太低断裂强度值低，膜柔软且发黏；而当硬单体比值太大时，Tg 太高，断裂强度值过高，膜光滑硬脆，聚合物的链接不易旋转，膜伸长率降低。在保证膜的柔软韧性和较高的附着力的同时，又要兼顾有一定的强力，故应选取适宜的软硬单体的比例。

2. 织物涂层整理

将 20 g 乳液用氨水调成 pH 值 9-10，加入增稠剂（浆料用量的 5-8%），调成糊状，均匀地涂敷在织物上，100 ℃烘干 2 min，140 ℃焙烘 3 min，冷却至室温。

（1）乳液工作黏度。

乳液黏度过低，涂层时易渗透，乳液黏度过大，涂层不均匀，易造成涂层质量下降，因此要保持乳液具有一定的工作黏度。

（2）涂层织物上胶量。

将两种不同组分的乳液均匀刮涂于织物上，刮涂一次，100 ℃烘干 2 min，140 ℃焙烘 3 min，放置 24 h，称重，与未涂层织物比较，计算上胶量。织物上胶量一般在 40~60 g/cm^2（视面料而定）。

（3）涂层织物甲醛含量测试。

乳液中如存在大量甲醛，织物涂层后会残留在织物表面，不符合环保要求。同样采用 GB/T2912.1—2009《纺织品 甲醛的测定 第 1 部分：游离和水解的甲醛（水萃取法）》进行甲醛含量的测试，直接测定织物中甲醛的含量。

（4）涂层织物抗渗水性-静水压测试。

根据 GB/T 4744—2013《纺织品 防水性能的检测和评价 静水压法》测试经涂层整理放置 24 h 后的涂层织物的抗渗水性。没有涂层的织物耐静水压为零，一般布面上有 3 处以上的水珠出现时读数，即为涂层织物的静水压值。

交联剂用量对涂层织物抗渗水性有一定影响，交联单体质量分数增加，一方面有利于提高大分子的交联密度，使聚合物膜致密性增加而水渗透性降低，涂层织物静水压随之增高；但另一方面又会使聚合物的线性结构向网状结构发生改变，造成分子链段运动的障碍，导致涂层织物的柔软性下降。因此过多的用量可适当提高涂层织物的静水压值，但对织物的柔软性能带来不良影响，一般涂层织物的静水压值在 200~300 mm 水柱之间。

(5) 涂层织物的透湿量。

可采用两种方法测定涂层织物的透湿量，GB/T 12704. 1-2009《纺织品 纺织品透湿性试验方法第 1 部分：吸湿法》和 GB/T 12704. 2-2009《纺织品 纺织品透湿性试验方法 第 2 部分：蒸发法》。

织物涂层以后会影响其透湿量，透湿量如下降太多，则会影响织物的服用舒适性，一般涂层织物的透湿量在 1 000-1 500 g/m^2 · 24 h。

(6) 涂层织物的拉伸性能和撕破强力测试。

根据 GB/T 3923. 1—2013《纺织品 织物拉伸性能 第 1 部分：断裂强力和断裂伸长率的测定（条样法）》在强力测试仪上测定应力应变情况，得到拉伸强力、断裂伸长率，根据 GB/T 3917. 1—2009《纺织品 织物撕破性能 第 1 部分：冲击摆锤法撕破强力的测定》测得撕破强力，一般涂层织物的拉伸强力比未涂层织物大，撕破强力则下降。涂层织物的拉伸强力应满足：经向≥28 kg，纬向≥17 kg；撕破强力应满足：经向≥1. 6 kg，纬向≥1. 0 kg（具体视面料而定）。

(7) 涂层织物的抗黏连测试。

测试方法 FZ/T 01063—2008《涂层织物 抗黏连性的测定》，涂层织物分离时应不损伤表面为好。

(8) 涂层织物的表面抗湿性测试。

织物涂层以后表面应具有良好的抗湿性，本实验采用 GB/T 4745—2012《纺织品 防水性能的检测和评价 沾水法》方法测定织物的抗湿性，并与未涂层织物作比较，一般涂层织物的拒水性为 4~5 级。

(9) 织物风格测试。

测试方法 GB/T 18318. 1—2009《纺织品 弯曲性能的测定 第 1 部分：斜面法》，测定织物的刚柔性。刚柔性是指织物的抗弯刚度和柔软度。抗弯刚度是指织物抵抗其弯曲形状变化的能力。织物的刚柔性直接影响服装廓形与合身程度，一般内衣要求具有良好的柔软度，使穿着合体舒适，而外衣则要求具有一定的刚度，使形状挺括有型。

四、思考题

1. 商品羟甲基丙烯酰胺晶体的基本物理性质及化学性质是怎样的？

2. 乳液聚合主要的特点是什么（与溶液聚合、悬浮聚合、本体聚合相比较）？

3. 试述按实验中所制备的自交联丙烯酸酯乳液外观（颜色、黏度等）与乳液粒子大小，成膜效果及抗静水压之间的关系，并解释原因。

参考文献

[1] 王祥荣. 纺织印染助剂生产与应用[M]. 江苏:江苏科学技术出版社,2003.

[2] 刘媛飞,胡俊,赵莉,等. 表面活性剂的性能与应用(XI)-表面活性剂的泡沫作用及其应用[J]. 日用化学工业,2014,44(11):605-609.

[3] 屠天民. 现代染整实验教程[M]. 北京:中国纺织出版社,2009.

[4] 颜红侠,张秋禹. 日用化学品制造原理与技术[M],北京:化学工业出版社,2004.

[5] 宁永成. 有机化合物结构鉴定与有机波谱学[M]. 2 版. 北京:科学出版社,2000.

[6] 杨广烈. 荧光与荧光显微镜[J]. 光学仪器,2001,23(2):18-29.

[7] 李祥高,冯亚青. 精细化学品化学[M]. 上海:华东理工大学出版社,2013.

[8] 王培义. 化妆品:原理・配方・生产工艺[M]. 3 版. 北京:化学工业出版社,2014.

[9] 吴可克. 功能性化妆品[M]. 北京:化学工业出版社,2006.

[10] 李瑶瑶,帅军,李丽,等. 无机碱催化对甲基苯磺酸-4-香豆素酯的合成[J],广东化工,2015,42:23-24.

[11] 朱宪. 绿色化学与工艺[M]. 北京:化学工业出版社,2001.

[12] 张文勤,郑艳,马宁,等. 有机化学[M]. 5 版. 北京:高等教育出版社,2014.

[13] Si F, Zhang X, Yan K L. Study on H_2O_2/TAED and H_2O_2/TBCC bleaching mechanism related to hydroxyl radical with a fluorescent probe[J]. Carbonhydrate Polymers, 2014, 103:581-586.

[14] 杨栋樑,王焕祥. 活化双氧水漂白体系新技术的近况(一)[J]. 印染,2007,33(2):44-48.

[15] Niknam K, Saberi D, Baghernejad M. Silica-bonded S-sulfonic acid as a recyclable catalyst for the synthesis of coumarins[J]. Chinese Chemical Letters, 2009, 20:1444-1448.

[16] Goswami P. Dually activated organo- and nano-catalyzed synthesis of coumarin derivatives[J]. Synthetic Communications, 2009, 39:2271-2278.

[17] Bouasla S, Amaro-Gahete J, Esquivel D, et al. Coumarin derivatives solvent-free synthesis under microwave irradiation over heterogeneous solid catalysts[J]. Molecules, 2017, 22(12):2072.

[18] Aoudjit L, Halliche D, Bachari K, et al. Nickel-containing mesoporous silica as a catalyst for the Pechmann condensation reaction[J]. Theoretical and Experimental Chemistry, 2017, 53(2):112-121.

[19] Khan D, Mukhtar S, Alsharif M A, et al. Ahmed N. PhI(OAc)2 mediated an efficient Knoevenagel reaction and their synthetic application for coumarin derivatives[J]. Tetrahedron Letters, 2017, 58(32):3183-3187.

[20] Lee J H, Kim K Y, Jin H, et al. Self-assembled coumarin nanoparticle in aqueous solution as selective mitochondrial-targeting drug delivery system[J]. ACS Applied Materials and Interfaces, 2018, 10(4):3380-3391.

[21] Ghomi J S, Akbarzadeh Z. Ultrasonic accelerated Knoevenagel condensation by magnetically recoverable $MgFe_2O_4$ nanocatalyst: a rapid and green synthesis of coumarins under solvent-free conditions[J].

Ultrasonics Sonochemistry,2018,40:78-83.

[22] Srinivasa H T, Palakshamurthy B S, Mohammad A T. Ethyl 7-hydroxycoumarin- 3-carboxylate derivatives: synthesis, characterization and effect of liquid crystal properties[J]. Journal of Molecular Structure, 2018, 1155:513-519.

[23] Abumelha H M A. Synthesis and spectroscopic characterization of some hydrazone and 2H-benzopyranone derivatives as antitumor agents[J]. Journal of Heterocyclic Chemistry,2018,55(7):1738-1745.

[24]徐伟,许军,邱如意,等. 正交试验优选对氯苯氧异丁酸的合成条件[J]. 制剂技术,2008,17(13):40-41.

[25]刘兴前,聂晓勤,谢岚,等. 对氯苯氧异丁酸合成工艺的改进[J]. 临床军医杂志,2001(12):127.

[26]刘福胜,李英春,于世涛,等. 相转移催化法合成3,4-二甲氧基苯甲醛[J]. 精细化工,2002(12):741-743.

[27]孙亚芳,朱占元. 曲尼司特合成工艺的改进[J]. 浙江化工,2003,11(12):1-4.

[28]赵文元,王亦军. 功能高分子材料化学[M]. 北京:化学工业出版社,2003.

[29]韩哲文. 高分子科学教程[M]. 2版. 上海:华东理工大学出版社,2011.

[30]韩哲文. 高分子科学实验[M]. 上海:华东理工大学出版社,2005.

[31]张兴英,李齐方. 高分子科学实验[M]. 北京:化学工业出版社,2007.

[32]冷延国. 明胶微胶囊技术研究[D]. 北京:北京化工大学,2000.

[33]周建林,罗艳,钟毅. 复凝聚法制备磁性微胶囊及其磁响应特性[J]. 材料导报,2012,26(5):54-57.